U0272158

肉牛养殖技术

◎ 包牧仁 孙鹏举 王景山 主编

中国农业科学技术出版社

图书在版编目（CIP）数据

肉牛养殖技术 / 包牧仁，孙鹏举，王景山主编 . – 北京：中国农业科学技术出版社 , 2017.11

ISBN 978-7-5116-2485-7

Ⅰ . ①肉… Ⅱ . ①包… ②孙… ③王… Ⅲ . ①肉牛 – 饲养管理 Ⅳ . ① S823.9

中国版本图书馆 CIP 数据核字（2017）第 317137 号

| 责任编辑 | 李 雪 徐定娜 古小玲 |
| 责任校对 | 贾海霞 |

出 版 者	中国农业科学技术出版社
	北京市中关村南大街 12 号 邮编：100081
电 话	（010）82109707（编辑室）（010）82109702（发行部）
	（010）82109709（读者服务部）
传 真	（010）82109707
网 址	http://www.castp.cn
经 销 者	各地新华书店
印 刷 者	北京富泰印刷有限责任公司
开 本	710mm×1 000mm 1 /16
印 张	9.75
字 数	182 千字
版 次	2017 年 11 月第 1 版 2017 年 11 月第 1 次印刷
定 价	48.00 元

《肉牛养殖技术》

编委会

前 言

通辽市位于内蒙古自治区东部，科尔沁草原腹地，总面积 6 万平方公里，总人口 320 万人，年产 200 亿斤（1 斤 = 0.5 千克。全书同）粮食和 240 亿斤的可饲用秸秆资源，拥有 4680 万亩（15 亩 = 1 公顷。全书同）可利用草原和 500 万亩优质高产牧草生产基地。通辽市拥有 40 多年的肉牛改良历史，是中国黄牛之乡，先后成功培育出科尔沁牛和中国西门塔尔牛（草原类群），已被列入全国肉牛优势区域东北肉牛带，是国家活体牛储备基地和供港活牛基地。肉牛业是通辽市畜牧业的主导产业，在产业地位、饲养规模、牛群质量、服务体系、养殖效益等方面，处于全区乃至全国领先水平。肉牛养殖技术关系着我市肉牛产业的健康发展，关系着养殖户经济效益的高低，更关系着人民生活质量的改善和提升。

在通辽市委、市政府"建设养牛大市"、打造"肉牛之都"的政策指导下，自 2001 年开始在全市范围内全面推广实施发情母牛冷冻精液配种技术，经过十几年的实践检验证明，牛冷配技术的推广实施，为广大肉牛养殖户带来了丰厚的收益。为了进一步加快肉牛产业的科技成果转化，推动全市肉牛产业品质的提升，促进肉牛产业由粗放数量型向精准效益型转变，通辽市家畜繁育指导站通过对全市肉牛产业进行现场调研，认真分析存在问题，梳理肉牛产业发展对肉牛养殖的技术需求，经广大科技人员的努力，编写了《肉牛养殖技术》。该书包括两个部分，第一部分为肉牛养殖技术，集成技术由肉牛良种繁育、饲养管理、饲草料加工调制、高档肉牛育肥及肉牛疫病防控、牛舍建设及环境控制等技术组成；第二部分为通辽市畜牧科技推广团队与平台建设，主要由畜牧专家、平台建设、现代畜牧科技园区与基地（现代畜牧科技园区建设、现代畜牧种源基地建设、现代家畜改良基地）、家畜改良科技成果（家畜改良科技成果、通辽养牛大事记、前行中的通辽市家畜改良事业）构成。

该书内容通俗易懂，所推广技术具有先进实用，可操作性强等特点，是各级肉牛养殖技术人员、肉牛养殖场管理人员的可靠参考资料。书中多项技术的普及推广对提高广大肉牛养殖技术人员的科学技术水平和养殖者的生产管理水平具有重要的指导意义。

编　者

2017 年 12 月

目　录

CONTENTS

第一章
常见的肉牛（兼用牛）品种

第一节 国外引进的品种

一、西门塔尔牛

1. 原产地及分布

原产于瑞士，是乳肉兼用品种。西门塔尔牛产乳量高，产肉性能也不比专门化肉牛品种差，是乳、肉兼用的大型品种。

世界上有很多国家引进西门塔尔牛在本国选育或培育后，育成了自己的西门塔尔牛，并冠以该国国名而命名。中国西门塔尔牛由于培育地区的生态环境不同，分为平原、草原、山区三个类型群。通辽地区的西门塔尔牛为草原类型群。

2. 外貌特征

西门塔尔牛毛色为黄白花或淡红白花，头、胸、腹下、四肢及尾帚多为白色。头较长，面宽，角较细而向外上方弯曲，尖端稍向上。颈长中等，体躯长，呈圆筒状，肌肉丰满。前躯较后躯发育好，胸深，尻宽平，四肢结实，大腿肌肉发达。乳房发育好。

3. 生产性能

西门塔尔牛乳、肉用性能均较好，据2005年良种登记混合胎次统计，年平均产奶量为5 152千克，乳脂率3.9%。该牛生长速度较快，6月龄牛持续育肥均日增重可达1.1~1.25千克以上，生长速度与其他大型肉用品种相近。胴体肉多，脂肪少且分布均匀，公牛育肥后屠宰率可达65%左右。

西门塔尔成年母牛难产率低，适应性强，耐粗放管理。总之，该牛是兼具奶牛和肉牛特点的典型品种。

二、安格斯牛

1. 原产地及分布

安格斯牛属于古老的小型肉牛品种。原产于英国的阿伯丁、安格斯和金卡丁

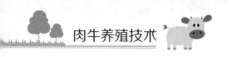

等郡，并因地得名。目前世界大多数国家都有该品种牛。

2. 外貌特征

安格斯牛以被毛黑色和无角为其重要特征，故也称其为无角黑牛。该牛体躯低矮、结实、头小而方，额宽，体躯宽深，呈圆筒形，四肢短而直，前后档较宽，全身肌肉丰满，具有现代肉牛的典型体型。

3. 生产性能

安格斯牛具有良好的肉用性能，被认为是世界上专门化肉牛品种中的典型品种之一。表现早熟，胴体品质高，出肉多。屠宰率一般为 60%～65%，哺乳期日增重 900～1000 克。育肥期日增重（1.5 岁以内）平均 0.7～0.9 千克。安格斯牛成年公牛平均活重 700～900 千克，母牛 500～600 千克，犊牛平均初生重 25～32 千克，成年体高公母牛分别为 130.8 厘米和 118.9 厘米。

安格斯牛肌肉大理石纹很好，适应性强，耐寒抗病。缺点是母牛稍具神经质，母性欠缺。

三、夏洛来牛

1. 原产地及分布

夏洛来牛原产于法国中西部到东南部的夏洛来省和涅夫勒地区，是举世闻名的大型肉牛品种，自育成以来就以其生长快、肉量多、体型大、耐粗放，受到国际市场的广泛欢迎。

2. 外貌特征

该牛最显著的特点是被毛为白色或乳白色，皮肤常有色斑，全身肌肉特别发达，骨骼结实，四肢强壮。夏洛来牛头小而宽，角圆而较长，并向前方伸展，角质蜡黄、颈粗短，胸宽深，肋骨方圆，背宽肉厚，体躯呈圆筒状，肌肉丰满，后臀肌肉发达，并向后和侧面突出形成"双肌"特征。

3. 生产性能

夏洛来最显著特点是生长速度快，瘦肉产量高。在良好的饲养条件下，6 月龄公犊可达 250 千克，母犊 210 千克。日增重可达 1400 克。在良好饲养条件下公牛周岁可达 511 千克。该牛作为专门化大型肉用牛，产肉性能好，屠宰率一般为 60%～70%，胴体瘦肉率为 80%～85%。成年活重公牛平均为 1100～1200 千克，母牛 700～800 千克。夏洛来母牛泌乳量较高，一个泌乳期可产奶 2000 千克，乳脂率为 4.0%～4.7%，但该牛纯种繁殖时难产率较高（13.7%）。

四、海福特牛

1. 原产地及分布

海福特牛是英国最古老的肉用品种之一，原产于英格兰岛西部的海福特郡。中国于 1974 年首批从英国引入海福特牛，海福特牛体高呈中矮型，对本地牛高度改进不明显，未引起重视。1995—1996 年从北美引进大型海福特牛后，改良工作重新启动，有希望成为中国肉牛的有效配套品种。

2. 外貌特征

海福特牛体型宽深，前躯饱满，颈短而厚，垂皮明显。中躯肥满，四肢短，臀部宽平，皮薄毛细，分有角和无角两种，角呈蜡黄色或白色。公牛角向两侧伸展，向下方弯曲，母牛角尖有向上挑起者。毛色为暗红色，和西门塔尔牛相似有"六白"特征，即头部、垂皮、颈脊连鬐甲、腹下、四肢下部和尾帚六个部位为白色。

3. 生产性能

海福特牛犊牛生长快，到 12 月龄可保持平均日增重 1.4 千克，为早熟品种，18 月龄达到 725 千克，但在我国饲养的海福特牛尚未达到原种应有的水平。据黑龙江的资料，哺乳期平均日增重公犊 1.14 千克、母犊 0.8 千克。7~12 月龄的平均日增重公牛 0.98 千克、母牛 0.85 千克。该牛经肥育后屠宰率可达 67%，净肉率达 60%。脂肪沉积主要在胸腔和内脏，胴体上覆盖脂肪较厚，而肌肉间脂肪较少，肉质嫩，多汁。

五、和牛

1. 原产地及分布

和牛是日本从 1956 年起改良牛中最成功的品种之一，是从雷天号西门塔尔种公牛的改良后裔中选育而成的，是全世界公认的最优秀的优良肉用牛品种。特点是生长快、成熟早、肉质好。其第七肋、第八肋间眼肌面积达 52 平方厘米。

2. 外貌特征

日本和牛毛色多为黑色，在乳房和腹壁有白斑。黑色和牛数量占和牛总量的 90% 以上。通过 DNA 分析，黑色和牛被认为与中国青海黄牛有共同的祖先。整体上该品种具有暗黑色的皮毛，有头角而无肩峰，其身体大小有小型到中型的。与其他的日本本地牛种作为比较，黑色和牛系以其牛肉产量特别著名。

3. 生产性能

成年母牛体重约 620 千克、公牛约 950 千克，犊牛经 27 月龄育肥，体重达

700 千克以上，平均日增重 1.2 千克以上。和牛肉质鲜嫩。尤其是肉中带有高度的大理石斑纹脂肪，瘦肉与脂肪红白相间好像肉上结了霜一样，所以称之为"霜降"牛肉，也称雪花肉。

第二节　国内地方良种和选育的品种

一、鲁西黄牛

1. 原产地及分布

主要产于山东省西南部的菏泽和济宁两地，北自黄河，南至黄河故道，东至运河两岸的三角地带。鲁西黄牛是中国著名的"四大地方良种"（秦川牛、南阳牛、鲁西黄牛、晋南牛）之一。

2. 外貌特征

毛色棕红、深黄和革黄色为多。背毛一致，具有完全或不完全的三粉特征（眼圈、嘴圈、腹下部至股内侧毛色为粉白色），公牛比母牛毛色深。公牛的肩峰和肉垂较发达，后躯发育次于前躯。母牛耆甲较平坦，后躯发育较好。鲁西黄牛背腰平直，结合良好，尾椎一般接近或超过区节。

3. 生产性能

据屠宰测定 18 月龄的阉牛平均屠宰率 57.2%，净肉率 49.0%，骨肉比 1∶6.0，眼肌面积 89.1 平方厘米。成年牛平均屠宰率 58.1%，净肉率为 50.7%，骨肉比 1∶6.9，眼肌面积 94.2 平方厘米。肌纤维细，肉质良好，脂肪分布均匀，大理石状花纹明显。

二、辽育白牛

1. 原产地及分布

辽育白牛是以夏洛来牛为父本，以辽宁本地黄牛为母本级进杂交后，在第 4 代的杂交群中选择优秀个体进行横交和有计划选育，采用开放式育种体系，坚持档案组群，形成了含夏洛来牛血统 93.75%、本地黄牛血统 6.25% 遗传组成的稳定群体，该群体抗逆性强，适应当地饲养条件，是经国家畜禽遗传资源委员会审定通过的肉牛新品种。

2. 外貌特征

辽育白牛全身被毛呈白色或草白色，鼻镜肉色，蹄角多为蜡色；体型大，体质结实，肌肉丰满，体躯呈长方形；头宽且稍短，额阔唇宽，耳中等偏大，大多有角，少数无角；颈粗短，母牛背腰平直，公牛颈部隆起，无肩峰，母牛颈部和胸部多有垂皮，公牛垂皮发达；胸深宽，肋圆，背腰宽厚、平直，尻部宽长，臀端宽齐，后腿部肌肉丰满；四肢粗壮，长短适中，蹄质结实；尾中等长度；母牛乳房发育良好。

3. 生产性能

辽育白牛成年公牛体重 910.5 千克，肉用指数 6.3；母牛体重 451.2 千克，肉用指数 3.6；初生重公牛 41.6 千克，母牛 38.3 千克；6 月龄体重公牛 221.4 千克，母牛 190.5 千克；12 月龄体重公牛 366.8 千克，母牛 280.6 千克；24 月龄体重公牛 624.5 千克，母牛 386.3 千克。辽育白牛 6 月龄断奶后持续育肥至 18 月龄，宰前重、屠宰率和净肉率分别为 561.8 千克、58.6% 和 49.5%；持续育肥至 22 月龄，宰前重、屠宰率和净肉率分别为 664.8 千克、59.6% 和 50.9%。11~12 月龄体重 350 千克以上，发育正常的辽育白牛，短期育肥 6 个月，体重可达到 556 千克。

三、科尔沁牛

1. 原产地及分布

科尔沁牛属乳肉兼用品种，因主产于内蒙古东部地区的科尔沁草原而得名。科尔沁牛是以西门塔尔牛为父本，蒙古牛、三河牛以及蒙古牛的杂种母牛为母本，采用育成杂交方法培育而成。1990 年通过鉴定，并由内蒙古自治区人民政府正式验收命名为"科尔沁牛"。

2. 外貌特征

被毛为黄（红）白花，白头，体格粗壮，体质结实，结构匀称，胸宽深，背腰平直，四肢端正，后躯及乳房发育良好，乳头分布均匀。

3. 生产性能

母牛 280 天产奶 3200 千克，乳脂率 4.17%，高产牛达 4643 千克。在自然放牧条件下，120 天产奶 1256 千克。科尔沁牛在常年放牧加短期补饲条件下，18 月龄屠宰率为 53.3%，净肉率 41.9%。经短期强度育肥，育肥牛活重达 560 千克以上时，屠宰率可达 61.7%，净肉率为 51.9%。

四、草原红牛

1. 原产地及分布

草原红牛是以乳肉兼用的短角公牛与蒙古母牛长期杂交育成，具有适应性强，耐粗饲的特点。主要分布吉林白城地区、内蒙古赤峰市、锡林郭勒盟及河北张家口地区。1985 年经国家验收，正式命名为中国草原红牛。

2. 外貌特征

草原红牛被毛为紫红色或红色，部分牛的腹下或乳房有小片白斑。体格中等，

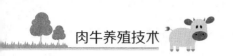

头较轻，大多数有角，角多伸向前外方，呈倒八字形，略向内弯曲。颈肩结合良好，胸宽深，背腰平直，四肢端正，蹄质结买。乳房发育较好。

3. 生产性能

成年公牛体重 700~800 千克，母牛为 450~500 千克。犊牛初生重 30~32 千克。在放牧加补饲的条件下，平均产奶量为 1800~2000 千克，乳脂率 4.0%。据测定，18 月龄的阉牛经短期肥育屠宰率可达 58.2%，净肉率达 49.5%。

五、三河牛

1. 原产地及分布

三河牛是我国培育的乳肉兼用品种，主要产于额尔古纳市三河地区，品种血缘复杂，主要由西门塔尔牛、西伯利亚牛、俄罗斯改良牛、后贝加尔土种牛、塔吉尔牛、雅罗斯拉夫牛、瑞典牛和日本北海道荷兰牛复杂杂交、横交固定和选育提高而形成。1986 年 9 月，被内蒙古自治区人民政府正式验收命名为"内蒙古三河牛"。

2. 外貌特征

三河牛体格高大结实，肢势端正，四肢强健，蹄质坚实。有角，角稍向上、向前方弯曲，少数牛角向上。乳房大小中等，质地良好，乳静脉弯曲明显，乳头大小适中，分布均匀。毛色为红（黄）白花，花片分明，头白色，额部有白斑，四肢膝关节下部、腹部下方及尾尖为白色。

3. 生产性能

成年公、母牛的体重分别为 1050 千克和 547.9 千克，体高分别为 156.8 厘米和 131.8 厘米。犊牛初生重公犊为 35.8 千克，母犊为 31.2 千克。6 月龄体重公牛为 178.9 千克，母牛为 169.2 千克。三河牛产奶性能好，年平均产奶量为 4000 千克，乳脂率在 4% 以上。

第二章
肉牛的饲养管理

第一节　犊牛的饲养管理

犊牛是指 0~6 月龄内的牛，这一阶段牛生长速度快，饲料报酬高，而且与牛未来的生产性能、繁殖性能、经济效益等密切相关。犊牛是牛场的后备主力军，犊牛的饲养管理关系着牛群未来的生产性能，关系着牛场未来的盈利，因此养好犊牛至关重要。

一、初生犊牛的护理

1. 犊牛出生后应立即清除口腔和鼻孔中的黏液

如果犊牛呼吸困难，可将其后肢提起、拍打胸部，使黏液从口腔流出，直至听到犊牛的叫声，然后用布擦干净口腔内的黏液。

2. 断脐

在距离脐孔 5~10 厘米处将犊牛脐带剪断，挤尽脐带里的血水后用 5% 的碘伏浸泡一分钟，防止脐带感染。

3. 在 30 分钟内饲喂初乳

初乳富含免疫球蛋白，犊牛无法通过胎盘获取免疫球蛋白，必须通过初乳获得抗体，建立被动免疫系统。所以，犊牛出生后半小时内必须吃 1~2 千克初乳。初乳的饲喂时间和饲喂量与犊牛腹泻和死亡有直接关系，如果是自然哺乳的犊牛，出生后等犊牛能站立起来就让它吃奶。

二、犊牛的饲喂方法

1. 人工辅助吃初乳

自然哺乳的犊牛，在犊牛能站立后人工辅助吃初乳，间隔 3~5 小时后，一定再让犊牛吃饱初乳。以后每间隔 5~6 小时让母牛哺乳犊牛一次。三天后正常哺乳。

如果人工哺乳犊牛，第一次喂初乳最好使用奶瓶，没有奶瓶可使用奶盆喂，

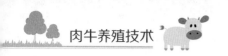

但是必须固定好盆。用盆喂初乳时，首先要修剪喂奶人的长指甲，并将手洗干净。然后把手指伸进犊牛嘴里，引诱犊牛喝奶，奶汁从两个手指间吸入犊牛嘴里。喂奶时一定要控制速度，如果出现呛饮，应立即停止，过一会儿再喂，防止因吸奶过快而引起异物性肺炎。饲喂犊牛是一项细致耐心的工作，不可过急。用手指引导犊牛喝奶，直至犊牛自己会喝奶。

2. 人工喂奶要做到"三定"

"三定"即"定温、定量、定时"，这样才能保证犊牛消化正常，防止发生消化道疾病。

（1）定温：不同季节确定的喂奶温度略有不同。在夏季，奶温要达到36~38℃，在冬季，奶温要达到38~40℃，温度略高于夏季，温度低易引起肠胃炎，症状为拉稀。

（2）定量：按犊牛的日龄确定喂奶量。

（3）定时：按规定的早、中、晚时间，规律饲喂。

每天、每餐喂奶后必须将容器、用具和周围环境清洗干净，将奶桶倒置沥干，这样可以有效减少蚊虫和细菌的滋生，减少疾病的传播。

应尽早训练犊牛吃草料。犊牛出生 15 天后开始训练其吃犊牛开食饲料。犊牛开始不认草料，但是几天后就逐渐吃草料了。犊牛吃饲料越早，发育越好。随着犊牛喂奶量的减少，草料供给量应逐渐增加。到断奶时，犊牛颗粒饲料日喂量可增加到 1.5 千克。干草、苜蓿可自由采食，不限数量。注意要让犊牛饮到足量的水。犊牛多吃粗饲料，有利于瘤胃的发育。

三、犊牛的管理

1. 称重和编号

犊牛出生后在一个小时之内进行称重。犊牛出生后不久应在犊牛耳朵上佩戴牛耳标号，耳标号可以按照年份和出生个体顺序编号，育种场按照育种要求编号。

2. 去角

犊牛去角有两种方法：去角器手术法和苛性钾去角手术法。无论采用哪种方法，在手术前都必须将犊牛的头部保定好，这是保证手术顺利进行的前提，可防止犊牛挣扎，避免误伤人畜。

（1）去角器手术法。去角器手术法使用的工具是一种专用的犊牛去角器圆形电烙铁。这种电烙铁在通电后，就能使其红热。待犊牛去角器红热后，拔掉电源，迅速将去角器顶端凹陷部位对准犊牛角的生长时适度按压，烧烙约 15 秒，然后撤离去角器，被烧烙的生长点已变为古铜色或灰黑色。应特别注意整个去角过程应在 20 秒内完成，烧烙过程且勿过长。

用去角器去角的特点：一是此法简便易行，手术彻底，犊牛不再长角，国际通用此法。二是手术快，烧烙不出血，采用此法伤口不易感染。三是一年四季都可进行手术。但手术后一月内，要避免被雨雪淋湿和蚊蝇叮咬，防止感染。四是此法只能用于犊牛去角，一般在犊牛出生2~3周内进行。

（2）苛性钾去角手术法。步骤一是剪去犊牛角基部、周围的毛，以便操作；二是用消毒药对角基部周围进行消毒；三是用防腐纸包好，包紧苛性钾棒，防止其腐蚀手术人员身体和犊牛的其他部位。操作时用手将凡士林涂抹在犊牛角基部的四周，以防止苛性钾液体流入犊牛眼中，然后手术人员握住包好的苛性钾棒，涂抹、摩擦犊牛角生长点，直到出血为止。

采用苛性钾去角手术法应注意的事项：操作时要防止苛性钾液体流到犊牛头部其他部位烧伤皮肤，或流入犊牛眼中造成失明，防止腐蚀手术人员身体；去角的犊牛初期要与其他犊牛分开饲养，同时避免雨淋。要防止手术部位感染，手术要仔细，如果某些角细胞没被彻底破坏，犊牛会再次长出牛角。

3. "三观查"

要把犊牛养好就必须用心观察，一旦发现任何异样，就应尽快处理，如漠不关心、放任不管，却想把犊牛养好，那是很难的。因为犊牛像婴儿一样需要细心照顾，患病初期得到治疗很快就能恢复正常，如拖几天可能要打针吃药，运气好它还能慢慢恢复，否则将可能死亡。

一观查犊牛的精神状态。当人接近犊牛时，健康的犊牛会双耳伸前，抬头迎接，犊牛双眼有神，呼吸有力，动作活泼，显示出强烈的食欲。而有问题的犊牛则精神不振、发蔫。

二观查犊牛粪便的变化。观察粪便可了解犊牛消化道的状态和饲养管理状况。在清扫圈舍时要注意观察犊牛粪便是否正常。正常的犊牛在哺乳期内，粪便呈黄褐色，黏粥状。若粪便稀，有恶臭味，有气泡，混有黏液则属不正常。随着犊牛补料和饲喂干草，犊牛粪便颜色变黑变硬并呈盘状。此时若饮水量不足，则粪便变得非常干硬。小牛因采食犊牛料的数量增加，会造成胀气或瘤胃积食，要细观察、早发现。要每天观察犊牛的尾根是否干净，若粘有粪便有可能拉稀了。

三观察呼吸状况。犊牛正常情况下呼吸均匀，每分钟20~50次。呼吸在胸和腹肋作用下完成。若犊牛发喘、呼吸时胸部活动大，还伴有咳嗽，流鼻涕，精神不振，食欲不好，要及时找兽医治疗。

4. 做好"六要"

一要人工喂奶"三定"（定温、定量、定时）；二要分群管理，具有一定规模的牛场饲养犊牛头数多，因此必须进行分群饲养管理，按犊牛的年龄、体重、体质强弱进行分群，避免犊牛大小不均，强弱不等，相互争抢饲料，影响犊牛的个体发育;三要刷拭牛体做好人畜亲和,刷拭牛体能促进犊牛的血液循环,清洁牛体,经常刷拭牛体能增进牛与人的感情,便于今后配种、挤奶和治疗工作的进行;四要保持犊牛栏的清洁,注意犊牛栏卫生,要定期消毒,夏天比较潮湿,保持犊牛栏干燥,冬天注意犊牛栏的保暖、防风,多垫褥草,垫料应每天清理,并定期消毒。犊牛舍应保持通风,保持清洁干燥的环境对犊牛的生长发育同样至关重要;五要保持喂奶的用具清洁,每次喂奶后,要用碱性清洁剂清洗干净;六要保证犊牛充足的饮水和尽早吃到犊牛开食饲料,促进犊牛瘤胃发育和健康生长。

5. 防"三病"

犊牛出生10~15天最容易发生呼吸系统疾病和消化系统疾病,而且死亡率高。因此,抓好犊牛疾病的预防工作非常重要。主要预防三病。

(1)脐带炎。脐带炎是犊牛出生后,由于脐带断端遭受细菌感染而引起的化脓性坏疽性炎症,为犊牛多发疾病。正常情况下,犊牛脐带在产后7~14天干枯、坏死并脱落,脐孔由结缔组织形成瘢痕和上皮而封闭。由于牛的脐血管与脐孔周围组织联系不紧密,当脐带断后,血管极易回缩而被羊膜包住,然而脐带断端常因消毒不好而导致细菌微生物大量繁殖,使脐带发炎、化脓与坏疽。产生脐带炎的原因有两种:一是助产时脐带不消毒或消毒不规范,或因犊牛互相吸吮,致使脐带感染细菌而发炎。二是饲养管理不当,外界环境不良,如运动场潮湿、泥泞,褥草更换不及时,卫生条件较差,从而导致脐带受感染。

犊牛发病初期常不被注意,仅见犊牛消化不良、下痢,随病程的延长,精神沉郁,体温升高至40~41℃,常不愿行走。脐带与组织肿胀,触诊质地坚硬,患畜有疼痛反应。脐带断端湿润,用手挤压可见脓汁,具有恶臭味,也有的因断端封闭而挤不出脓汁,但见脐孔周围形成脓肿。患犊常消化不良,拉稀或膨胀,弓腰,瘦弱,发育受阻。如及时治疗,一般预后良好。

(2)犊牛白痢。又叫犊牛大肠杆菌病,是由一些血清型不同的致病性大肠杆菌引起的初生犊牛的急性传染病,以7日龄内的犊牛多发,死亡率较高。该病以腹泻为主要特征。临床可分为肠毒血型、败血型和肠炎型多种。肠毒血型病牛病程短促,一般不表现临床症状,在3~6小时死亡;败血型病牛精神沉郁,食欲减退或废绝,心跳加快,黏膜出血,关节肿痛,体温升高到40℃,粪便由淡黄色粥样变为淡白色水样,其中常混有凝血块、血丝和气泡,气味恶臭,急性在1~3天内死亡,死亡率高达90%以上;肠炎型病牛粪便先白色后变黄带血,后躯污染严重,粪便恶臭,一般身体消瘦、虚弱,如不及时治疗,在3~5天内会因脱水死亡。搞好预防是防治犊牛患病的有效措施。生产中,要加强对妊娠母牛和犊牛的饲养管理,注意保持牛舍的清洁卫生,母牛临产时应洗去乳房污物,再用稀释盐水洗净擦干。坚持对牛舍、牛栏、运动场等周围环境彻底消毒,尽量降低环境中病原微生物的数量。防止犊牛受潮、热、寒等因素的刺激，严禁犊牛乱饮脏水，以减少病原菌的入侵机会。犊牛出生后应尽早喂上初乳，提高犊牛抗病能力。犊牛一旦患病，应立即隔离治疗。

（3）犊牛肺炎。主要病因是犊牛出生过程中，羊水吸入支气管或肺泡内；犊牛哺乳时呛奶造成；犊牛圈环境卫生条件差，受寒受风；初乳吃得迟或量不足，得不到抗体。主要症状是咳嗽，呼吸困难，体温升高。常并发败血症，不死者可转为慢性，长期咳嗽，被毛蓬乱，消瘦或下痢，贫血，生长发育受阻。

第二节　育成母牛的饲养管理

育成牛是指 6 月龄至初次产犊前这一阶段的牛。育成牛生长发育旺盛，尤其是骨骼组织和肌肉组织，因此体型变化较快。内脏器官功能日趋发达和完善，前胃容积迅速扩大。性器官和第二性征发育很快。此阶段的饲养对其以后生产性能、繁殖性能和健康影响很大。育成牛阶段的培育目标是保证育成牛正常生长发育，培养温驯的性情和适时配种，尽早投入生产。

一、6~12 月龄阶段的饲养管理

牛 7~8 月龄时骨骼发育最快，9~12 月龄期间是牛体长增长最快阶段，以后体躯转向宽深发展。此期是牛生长发育最快的时期，农牧民养殖户最容易忽视这个阶段的饲养管理，造成成年牛体长较短，牛生长发育受阻。7~12 月龄时牛的瘤胃容积迅速增大，利用粗饲料的能力明显提高，12 月龄左右接近成年水平。性器官和第二性征发育很快，体躯向高度和长度方面急剧增长。前胃虽然经过了犊牛期植物性饲料的锻炼，已具有了相当的容积和消化青、粗饲料能力，但还保证不了采食足够的青、粗饲料来满足此时的强烈生长发育所需营养物质。同时，消化器官本身还处于强烈的生长发育阶段，需继续锻炼。因此，为了兼顾育成牛生长发育的营养需要并促进消化器官进一步发育完善，此期饲喂的粗饲料应选用优质干草和青贮饲料，加工过的作物秸秆等可作为辅助粗饲料少量添加，同时必须补充精饲料。一般而言，日粮中干物质的 75% 应来源于青、粗饲料，25% 来源于精饲料。在奈曼旗推广"母牛一年产一犊饲养模式"时，农牧民养殖户饲养此阶段牛时经验实证是：粗饲料吃饱，用佳农繁殖母牛浓缩饲料 A 料型 0.5~0.75 千克、玉米粉 0.5~0.75 千克搅拌均匀的配合饲料 1~1.5 千克，每头牛每天分 2 次饲喂，牛生长发育的非常好。在放牧情况下，如果牧草状况良好放牧能吃饱的情况下，用佳农繁殖母牛浓缩饲料 A 料型 0.25~0.5 千克和玉米粉 0.25~0.5 千克搅拌均匀每天饲喂 1 次，基本就能满足牛的营养需要了。

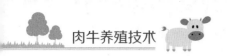
二、12 月龄至初次妊娠阶段的饲养管理

此阶段育成母牛的消化器官容积增大，消化能力增强，生长强度在 18 月龄后逐渐进入递减阶段，但日增重在良好的饲养水平条件下仍保持较高的水平。培育后备牛的成本主要与饲料有关，而缩短犊牛从出生到分娩第一胎的时间，就减少了育成牛的存栏天数，潜在地节约了饲养成本。若要使育成牛达到品种所推荐的月龄产犊，就需要在两方面做改进，首先要加快育成牛的生长速度；其次要根据体重来确定初配日期。决定体格大小的因素是月龄、改良代数和饲养管理水平。牛改良代数越高生长所需要的营养水平需要越高，如果改良代数提高了而营养水平没有提高的话，可能改良三代牛的生长发育还不如二代牛好。

母牛在 14 月龄左右开始性成熟，公母牛一定要分群管理，防止小公牛偷配。如果小母牛体重没有达到 350 千克以上绝对不能配种，否则造成新生母牛难产。体重达到 350 千克以上时要进行发情观察、记录发情日期，发情记录有助于下一次配种时的发情预测，同时有助于发现育成牛初情期差的问题。从而能够及时采取措施，避免延长配种月龄。如育成母牛缺乏能量、蛋白质、矿物质及维生素，会造成育成牛生长缓慢、受胎率低的现象，在一般日粮中，容易发生缺乏的是能量、蛋白质、磷、碘、镁、锌、维生素 A、钴、盐。营养素的缺乏会导致下列结果。

1. 能量

能量缺乏会导致隐性发情，发情鉴定不准确，拖延了配种日期，增加了配种的次数。充分补充能量可以达到良好的繁殖效果，有助于在孕期增加体重。

2. 蛋白质

蛋白质缺乏会降低食欲，从而引起生长缓慢和隐性发情。

繁殖器官的发育和产生功能都需要蛋白质的参与。长期缺乏蛋白质会造成卵巢和子宫的发育缓慢，推迟性成熟时间。

3. 磷

磷具有在机体的组织之间传送能量的作用。磷缺乏能引起食欲差、延误性成熟、发情受阻。

4. 碘

碘缺乏会导致发情不明显、受孕率低、胎衣不下发病率高，犊牛体弱、流产、犊牛甲状腺肥大等问题。

5. 镁

镁缺乏导致发情周期不正常或不完整。

无论是单个还是整个育成牛群，经过调整日粮中的营养元素的含量，就会有不同的生长速度。生长快、配种早的育成牛其投产月龄也就小，从而减少了育成牛饲养费用。

育成牛生长缓慢，就相对缩短了其终生的产犊数量，创造的利润也低。育成牛饲喂不好就会引起生长缓慢、投产月龄大、体格小、产奶量低、分娩时的难产率较高。

三、初次妊娠到分娩阶段的饲养管理

此期母牛的体躯显著向宽深方向发展，在较好的饲养条件下，牛体内易贮积过多脂肪。因此，在这一阶段的前期应按第二阶段方法饲养，但应注意饲料的多样化、营养全面。在妊娠最后 2~3 个月，由于体内胎儿生长发育所需营养物质增加；另外为了避免压迫胎儿，要求日粮体积要小，此时应采用对待怀孕母牛的饲养管理方法，即提高日粮营养物质浓度，在粗饲料吃饱情况下，增加精饲料。

在奈曼旗推广"母牛一年产一犊饲养模式"时，农牧民养殖户饲养此阶段牛的经验实证是：粗饲料吃饱，用佳农繁殖母牛浓缩饲料 A 料型 0.75~1 千克、玉米粉 0.75~1 千克、搅拌均匀的配合饲料 1.5~2 千克，每头牛每天分 2 次饲喂。母牛临产前 2~3 个月，视其原来膘情确定精饲料的喂量。运动量此时要加大，每天可行走 1.5~2 千米，以防止难产，保持牛的体质健康。在管理上还要重视使牛习惯于成年母牛的牛舍，并能自由牵行、栓系、触摸牛体各部位，以利于未来的管理（图 2-1、图 2-2）。同时，要十分重视安全，防止机械性流产或早产。当牛群通过较窄的通道时，不要驱赶过快，防止互相挤撞，冬季要防止在冰冻的地面或冰上滑倒，也不要喂给母牛冰冻的饲料。严禁打骂牛，要做到"人牛亲和""人牛协调"。

图 2-1 养殖户家成年母牛由于育成期营养不足体长发育欠缺

图 2-2 美国牧场的成年母牛由于育成期营养充足体长发育好

第三节　母牛的饲养管理

一、妊娠母牛的饲养管理

母牛妊娠期的营养需要和胎儿的生长发育有直接的关系。妊娠前5个月，除母牛本身的营养状况得到改善外，胎儿发育较慢，营养需要增加不大。胎儿生长发育高峰和体重的增加主要是在母牛妊娠最后3个月，这一阶段胎儿增重占犊牛初生重70%~80%。此期胎儿迅速生长，胎膜、胎盘以及母牛的子宫都随着增大，而母牛又需储存一定的营养供产后泌乳的需要，所以在饲养上妊娠后期需较多的营养。在饲料营养上重时满足蛋白质、矿物质和维生素的营养需要。蛋白质以豆饼质量最好，矿物质要满足钙、磷的需要，维生素不足会使母牛发生流产、早产、弱产，犊牛生后易患病，同时，应注意防止妊娠母牛过肥，尤其是头胎青年母牛，以免发生难产。在奈曼旗推广"母牛一年产一犊饲养模式"时，农牧民养殖户饲养此阶段牛的经验实证是：粗饲料吃饱，用佳农繁殖母牛浓缩饲料A料型0.75~1千克、玉米粉0.75~1千克、搅拌均匀的配合饲料1.5~2千克，每头牛每天分2次饲喂，母牛和犊牛生长发育的非常好。在放牧情况下，如果牧草状况良好放牧能吃饱的情况下，用佳农繁殖母牛浓缩饲料A料型0.75~1千克、玉米粉0.75~1千克搅拌均匀每天饲喂1次，基本就能满足牛的营养需要了。

母牛在管理上要加强刷拭和运动，妊娠后期要注意做好保胎工作。与其他牛分开，单独组群饲养，避免母牛摔伤、滑倒、顶撞等。

检查饲料，禁用发霉、变质饲料。饮用水洁净卫生。

对怀孕母牛进行体膘监测，经产牛在产犊前4个月进行体膘鉴定，鉴定标准依笔者经验，建议三代以上西门塔尔改良母牛，在母牛一侧距离母牛1.5~2米，观看母牛肋骨，当看到2.5~3根肋骨时体膘适中，维持饲养管理；当看到3.5根及以上肋骨说明母牛偏瘦，需要加强管理，增加配合饲料投喂数量。

初产牛怀孕后一定要加强饲养管理，因为头胎母牛不仅要供应胎儿生长发育，本身也没有发育成熟，还需要满足自身生长发育。头胎母牛怀孕后最多只能看到1.5根肋骨，否则就偏瘦了。

二、围产期饲养管理

围产期是指母牛分娩前15天和分娩后15天，此期母牛生理发生很大变化。期间，尤其要注意加强饲养与管理。

1. 产犊前 15 天

此期饲养与管理原则上，要按照预产期适量搭配日粮，随时做好接产准备。母牛在妊娠期不补精料或补精料较少时，产犊前 20 天一定要补饲精料，精料中可适量提升麦麸的含量，在奈曼旗推广"母牛一年产一犊饲养模式"时，农牧民养殖户饲养此阶段牛的经验实证是：粗饲料吃饱，用佳农繁殖母牛浓缩饲料 B 料型 0.75~1 千克、玉米粉 0.75~1 千克、搅拌均匀的配合饲料 1.5~2 千克，每头牛每天分 3 次饲喂。

产房管理尤为重要。产房确保清洁卫生，定期更换褥草，经过彻底消毒后，待产母牛进住。母牛进住产房后，周边确保安静。没有条件配置产房的，应在预产期前 1 周，及时清扫牛床，铲除周边粪便，铺设褥草，确保舍内清洁、卫生、干燥。

2. 产犊后 15 天

母牛分娩，在犊牛出生后，就会站起来舔食犊牛身上的胎水。母牛分娩后体力消耗极大，饮服营养补液或饮温麦麸红糖水 20 升（麦麸 1 千克、红糖 0.5 千克、盐 200 克、温水 20 升，水温 40℃）恢复体力。

3. 做好产后监护

（1）产后 2 小时，观察母牛产道及外阴有无损伤和出血现象，及时处理。

（2）产后 6 小时内，观察母牛努责，以防腹中还有胎儿，发现子宫脱应及时处理。

（3）产后 12 小时内，观察胎衣排出情况。应仔细观察胎衣是否完整，如胎儿产后 12 小时胎衣尚未排出，应找兽医处理。胎衣排除后，应马上清除，防止母牛吞食。为促进胎衣排出，产犊后可直接注射缩宫素类药物。

（4）产后 7~10 天，检查恶露排出情况，发现分泌物异常，需要清洗和注药。

（5）产后观察乳房水肿情况，如果乳房红肿严重应该用毛巾热敷，母牛适当减少精饲料喂量。

三、哺乳期饲养管理

这一阶段母牛体质和乳腺机能得到恢复。在正常情况下，供给足够能量、蛋白质、维生素和矿物质，就能充分挖掘出母牛的产奶潜力，并且能维持较长的一段时间。一般在产后 4 周子宫颈即可闭锁，40 天左右完全可恢复。母牛产后 40~60 天一般出现第一次发情。因此要特别注意观察发情，做好配种。对超过 90 天不发情的个体，要查找原因应及时诊治。

经大数据统计分析，母牛发情概率时间分布是：夜里 12 时到第二天早晨 6 时，发情概率为 43%；早晨 6 时到中午 12 时，发情概率为 22%；中午 12 时到晚 6 时，发情概率为 10%；晚 6 时到夜里 12 时，发情概率是 25%。所以早晨 6 时和中午

12 时左右一定要观察母牛群是否有发情母牛。

"母牛一年产一犊"必须在母牛产犊后 3 个月内发情配种受胎。所以一定要加强母牛产犊前后的饲养管理，产犊前一定要补喂母牛繁殖饲料，对母牛的膘情进行监测，在母牛饲养管理的关键时期加大饲料投入，只有投入才能有产出，母牛赚钱不是节省出来的，养母牛只有一年产一个牛犊才能赚更多的钱。

四、母牛一年产一犊饲养模式

2001 年中国农科院畜牧所和天津佳农饲料公司联合承担农业部课题，在山东、河南、甘肃、内蒙古等农区和半农半牧区曾做过提高母牛受胎率的试验，该成果在全国各地得到了广泛的推广应用，2003 年获得农业部丰收一等奖。通辽市家畜繁育指导站在扎旗、左中等旗县养殖户中进行了不间断的 3 年提高母牛繁殖成活率试验，取得了母牛繁殖成活率提高 17.8% 的骄人成绩。奈曼旗畜牧工作站通过推广"母牛一年产一犊饲养模式"及三年母牛繁殖浓缩饲料的产品推广，按照"饲养模式"及饲养说明饲喂的养殖户母牛多数在产后 2~3 个月内配种受胎，佳农产品在养殖户中取得了很好的口碑。

在奈曼旗推广"母牛一年产一犊饲养模式"时，农牧民养殖户饲养经验实证如下。

佳农 369 营养饲喂模式：粗饲料吃饱。3 袋佳农繁殖母牛料（其中繁殖母牛 A 料 50 千克 1 袋、繁殖母牛 B 料 50 千克 2 袋）150 千克玉米面，产犊前 60 天喂 A 料，产犊后 90 天喂 B 料。

产犊前 60 天用 A 料的目的是补充维生素 A、维生素 D、维生素 E，微量元素硒、碘、铜，常量元素钙和磷，补充优质蛋白质，防止母牛分娩时难产、胎衣不下、犊牛白疾病，预防子宫内膜炎等生殖道疾病。主要用法是将佳农繁殖母牛 A 料按照 1∶1 比例同玉米面混拌均匀，每天每头母牛按照 1.5 千克补饲。连续喂 60 天。

产犊后转喂佳农繁殖母牛 B 料，B 料主要给母牛提供能量和优质蛋白质使母牛充分发挥泌乳能力，满足犊牛的生长发育，同时提供充足的维生素 A、维生素 D、维生素 E 和促使母牛卵泡发育并发情所需的能量、蛋白质、微量元素和常量元素。主要用法是将佳农繁殖母牛 B 料按照 1∶1 比例同玉米面混拌均匀，每天每头母牛按照 2~2.5 千克补饲，连续喂 90 天。母牛一般都能在 90 天内发情配种受胎。如果母牛是西门塔尔高代杂种，牛奶还能出售或做奶产品，母牛补喂精料的方法是母牛每天 3 千克混合饲料作为基础饲料，每增加一千克牛奶给 4 两混合料作为产奶饲料。这样可以充分挖掘西门塔尔高代母牛的泌乳潜力，增加母牛的产奶效益。为了使犊牛提早断奶又不耽误犊牛生长，建议犊牛在出生 20 天后开始补喂佳农犊牛颗粒饲料，使犊牛早期断奶后不耽误犊牛生长发育。

第三章
肉牛的繁殖技术

第一节　母牛的生殖器官和生理功能

　　母牛的生殖系统由卵巢、输卵管、子宫、阴道、尿生殖前庭、阴唇和阴蒂等器官构成（图3-1）。其中卵巢是雌性性腺。输卵管、子宫和阴道构成雌性生殖道，称内生殖器官。尿生殖前庭、阴蒂和阴唇是外生殖器官。

　　母牛的生殖器官位于腹腔后部和骨盆腔部位。上面为直肠，下面为膀胱。

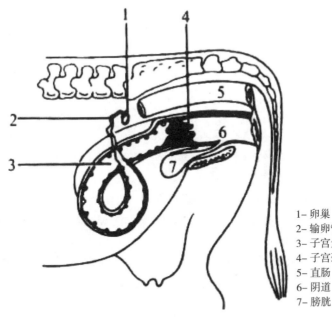

1– 卵巢
2– 输卵管
3– 子宫角
4– 子宫颈
5– 直肠
6– 阴道
7– 膀胱

图 3-1　母牛生殖系统示意图

一、卵巢

1. 卵巢的位置及形态
　　卵巢位于子宫角尖端两旁，骨盆腔前缘两侧。青年母牛都在骨盆腔内耻骨前

缘之后；经产母牛的卵巢则下沉并移向腹腔。卵巢左右各一个，为稍扁的椭圆形实质器官。

2. 卵巢的功能

一是产生卵子和排卵，二是分泌雌激素及孕酮。卵巢的功能受促卵泡素与促黄体素的协同作用及雌激素的调节。其中促卵泡素主要刺激卵的生长和发育，在促黄体素的协同作用下激发卵泡的最后成熟；促黄体素引起卵泡排卵和黄体的形成；促黄体素刺激卵泡内膜细胞产生睾酮，颗粒细胞在促卵泡素的作用下将睾酮转化为雌二醇。

二、输卵管

输卵管是卵子受精的地方。位于子宫阔韧带外侧形成的输卵管系膜内，长15~30厘米，前端与卵巢相接，后端接子宫角，它是连接卵巢和子宫的一对弯曲的管状器官。

三、子宫

子宫是胚胎发育成胎儿并供给其营养的地方。它分为子宫角、子宫体和子宫颈。

1. 子宫角

子宫角分左右两个，分别同两条输卵管相连。

2. 子宫体

子宫体是两个子宫角汇合后的一段，与子宫颈相连，长约4厘米。

3. 子宫颈

子宫颈是阴道通向子宫体的门户。子宫颈的后部突出于阴道中，壁部较厚，质地较硬，其突出部与阴道形成穹窿。

子宫颈是管状组织。黏膜上有许多纵的皱褶，子宫颈管是旋曲的通道。妊娠后子宫颈闭锁，起着封闭的作用，子宫颈口由黏稠的糊状物封口，称子宫栓，直至临产前才被化解。

子宫壁分三层：内膜称作黏膜层，中层为肌层，外膜称作浆膜。子宫内膜上散布着子宫阜，是扁圆形的突起，成行排列，有80~120个，妊娠时成为母牛的胎盘。在妊娠初期，子宫腺分泌子宫乳，为尚未附植到子宫体的胚胎提供营养。随着胚胎的发育，子宫阜起着从母体输送养分的作用。

四、阴道

阴道位于骨盆腔中部，直肠下面。前端扩大，在子宫颈周围形成穹窿，后端以生殖前庭的尿道外口和阴瓣为界。牛阴道长25~30厘米，为母牛的交配器官和产道。

五、外生殖器官

外生殖器官包括尿生殖前庭、阴蒂和阴唇。阴唇、阴蒂和阴门统称外阴部。

第二节　母牛发情及发情鉴定

一、母牛的发情生理

1. 母牛性成熟

一般母牛性成熟为 8~14 月龄，性成熟后母牛身体还没有发育完全，一般母牛初配为 16~24 月龄。青年母牛体重达到 300 千克时，就可以初配。

2. 发情周期

发情周期指相邻两次发情的间隔天数。生产中一般把观察到发情的当天作为零天，牛的发情周期为 18~24 天。

3. 发情期

从发情开始到发情结束的这一段时间为发情持续期，一般母牛发情持续时间平均为 18 小时，青年母牛略短约 15 小时，经产母牛略长。发情期长短的变化范围很大，从 2 小时到 30 小时不等。

4. 排卵时间

母牛排卵时间大概在发情结束后 10~12 小时。排卵时间受营养条件的影响，在正常营养水平下，76% 左右的母牛在发情开始后 21~35 小时排卵，在营养不良的情况下只能有 69% 左右的母牛发情是正常的。

5. 产后发情时间

指产犊当天到第一次排卵的时间。母牛在产犊后第一次发情常常没有外部表现，即安静发情。母牛在产犊后自然哺乳，会有相当数量的个体不发情。在营养水平低下时，通常会出现隔年产犊现象。

6. 发情季节

牛是常年发情动物，除怀孕时发情周期终止外，正常的牛可以常年发情。但由于营养因素，通辽地区牛在冬季很少发情，在牧区往往要待牧草茂盛的晚春才恢复正常的繁殖机能，这种非正常的生理反应可以用改进饲养水平来克服。

7. 发情规律

完整的发情应具备以下四方面的生理变化：①卵巢上功能黄体已退化，卵泡已经成熟，继而排卵；②外阴和生殖道变化，表现为阴唇充血肿胀，有黏液流出，俗称"挂线"或"吊线"，阴道黏膜潮红滑润，子宫颈口勃起开张红润；③精神

状态变化，食欲减退，兴奋或游走，正在泌乳的牛则奶量下降；④出现性欲，喜欢接近公牛或爬跨其他母牛，个别的母牛对其他牛爬跨时站立不动，有公牛爬跨时则有接纳姿势。

二、发情鉴定方法

母牛发情鉴定方法有外部观察、试情、阴道检查和直肠检查四种，可以根据单项，也可以根据多项进行综合判断。

1. 外部观察法

母牛发情的表现是哞叫，爬跨或接受爬跨，在栓桩柱周围转圈圈，举尾。阴门明显肿胀、发亮，开口较大，阴道流出透明黏液。

2. 公牛试情法

将阉牛牵到母牛跟前，如果阉牛有爬跨行为，可以确定发情。

3. 阴道检查法

使用阴道开张器或将手插入阴道触摸，检查时必须严格消毒器械或戴胶质手套。操作必须稳重缓和，防止造成阴道黏膜创伤，且检查时间不宜过久，以避免黏膜过度充血。检查时可观察到发情母牛排出大量黏液，随发情的进展黏液先是稀薄，越接近排卵，黏液变得越浓稠，颜色由透明变得白浊，黏液量也渐渐减少。用手触摸时可摸到弹性很好的子宫颈口。

4. 直肠检查法

通过直肠壁触摸母牛卵巢上卵泡的发育和子宫变化情况，来判断母牛是否发情或发情进程、排卵时间，以确定最佳输精时间，对提高发情母牛的输精受胎率有重要作用。

三、寻找母牛卵巢的操作方法及注意事项

1. 操作方法

将受检母牛保定好，做好检前准备，如剪短、磨光指甲，戴上胶质手套，将润滑剂抹在其上。检查者先用手抚摸肛门，将手指并拢成锥形，以轻缓的动作旋入肛门，如有粪便，要掏出。然后手掌伸平，掌心向下，用力按下且左右抚摸，在骨盆底的正中，可摸到一个长圆形质地较硬的棒状物（长4~8厘米），即为子宫颈。将其握在手里，感受其粗细、长短和软硬。

将拇指、食指和中指稍分开，顺着子宫颈向前缓和伸进（图3-2），在子宫颈正前方由食指触到一条浅沟，此为子宫角间沟。沟的两旁各有一条向前弯曲的圆筒状物，粗细近似于食指，这就是左右两子宫角。摸到子宫角后手继续前后滑动，沿子宫角的大弯，向下向侧面探摸，可以感到有扁圆、柔软而有弹性的肉质，

即为卵巢，用食指和中指夹住卵巢系膜，然后用拇指触摸卵巢及其表面的卵泡。若在检查中卵巢滑失，就应重新从寻找子宫颈开始。

2. 注意事项

在触摸时，动作要仔细、轻柔、缓慢，不可乱摸乱抓，损伤直肠黏膜，甚至导致直肠穿孔。在母牛努责或肠管收缩时，不可将手臂硬向里推进，应待其努责或收缩停止后再继续检查。

四、卵泡发育规律

在直肠触诊时以卵泡发育阶段（图3-3）的判断为主，按五个期来记载。

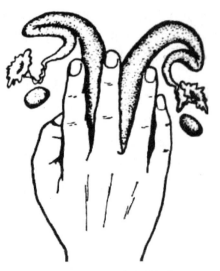

图3-2　寻找母牛卵巢操作

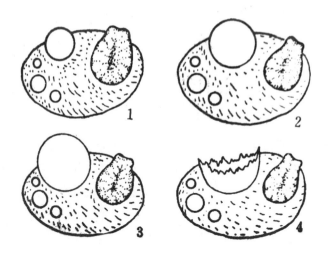

图3-3　牛卵泡发育过程示意图

1- 出现期。2- 发育期。3- 成熟期。4- 排卵期

1. 休情期

处于休情期的母牛，在卵巢上常有1~2个或大或小的黄体突起在卵巢的一侧或一端。这是有发情周期的休情母牛所具有的特征。在直肠检查时感到一侧卵巢比另一侧的大一些，记载左0或右0。

2. 卵泡出现期

卵泡体积为0.5~0.75厘米，卵巢稍增大，有软化点，但无波动。说明母牛

已开始发情。这种卵泡状态大约保持 10 小时左右，按其在左或右卵巢上，记左 1 或右 1。此时母牛发情开始有表现，但不接受其他牛爬跨，此时为发情初期。

3. 卵泡发育期

卵泡发育到 1.0~1.5 厘米大小，可触摸到球状物，且有波动感，这种状态保持 10~12 小时，记左 2 或右 2。此时母牛发情表现明显，接受其他牛爬跨，此时为母牛发情中期。

4. 卵泡成熟期

卵泡大小不再增加，但卵泡壁变薄，触摸时有一捏即破的感觉，这种状态保持 6~8 小时。记左 3 或右 3。触摸此薄壁状态时应特别小心，一旦捏破，卵子涌出后一般会进入腹腔，难以受精。母牛发情表现减弱，拒绝其他牛爬跨，转入平静状态，此时为母牛发情后期或末期。

5. 排卵期

在卵泡位置摸到凹陷，但卵泡液尚未流完，可摸到松软的泡壁。记载左 4 或右 4。此时，母牛极安静，不接受其他牛爬跨。

以上四期（休情期除外）交替出现，在休情期起初形成的黄体较软，直径小于 1 厘米，十天内长到 2~2.5 厘米。如果未孕则又重复以上周期。

第三节　牛人工授精技术

人工授精是用器械采取公牛的精液，经过处理、保存后，再用器械把精液输入发情母牛的生殖道，使其受孕的方法。牛的人工授精是一项容易掌握的繁殖技术，对推广优良种牛，改良牛的品质，提高生产性能，防制疾病传播等都具有重要的价值。

一、发情鉴定

1. 发情期

母牛常年发情，发情周期 18~24 天，发情持续期 20~36 小时，产后第一次发情 10~40 天。

2. 发情表现

发情初期：母牛鸣叫不安，食欲开始减退，想爬跨其他牛，但拒绝其他牛爬跨，外阴轻微红肿，阴道黏膜充血，流出稀薄透明液体。直肠检查子宫变软，卵巢有一侧增大，在卵巢上有卵泡，无弹性。此期维持 10 小时左右，不能输精。

发情中期：母牛极度不安，食欲停止，性欲旺盛，求配心切，爬跨其他牛，外阴部明显肿胀，流出黏液增多。直肠检查子宫松软，卵泡体积增大，直径1.0~1.5厘米，突出于卵巢表面，弹性强，有波动感。此期维持8~12小时，输精偏早。

发情末期：母牛性欲减退，不再爬跨其他牛，由不安转为安静，外阴部肿胀减退，黏液变稠，呈黄白色。直肠检查子宫颈变松软，卵泡壁变薄，波动很明显，呈熟葡萄状，有一触即破感觉。此期约维持8~10小时。

二、输精时间

输精时间主要根据母牛发情后的排卵时间而定。据报导，母牛从发情结束到排卵的时间间隔，多集中在11~18小时，但不同品种及不同个体排卵的时间差别较大，应根据母牛发情的表现、流出黏液的性质和直肠检查卵泡发育的状况来确定输精时间。从行为上看，当发情母牛接受其他牛爬跨站立不动时，再向后推迟12~18小时输精配种效果较好；从流出黏液上区别，当黏液有稀薄透明转为粘稠微混浊状，当用手指沾取黏液，当拇指和食指间的黏液可牵拉7~8次不断时即可配种；直肠检查卵泡确定配种时间是最可靠的方法了，但需要一定的实践经验，在发情末期，即母牛拒绝爬跨时，卵泡增大，卵泡直径大于1.5厘米，卵泡波动感明显，像熟透的葡萄一样，有一触即破的感觉。此时配种受胎率高。

三、精液解冻

用长柄镊子从液氮罐中取出细管冻精后，直接放入38~40℃温水中解冻，全部融化后取出，擦干水，用专用剪刀剪开不带棉塞的一端，把有棉塞一端装在输精推杆上，套上外保护套备用。

四、输精方法

采用直肠把握输精法。输精前应先将待配母牛保定于配种架中，用温肥皂水将阴门附近的粪便、污物冲洗干净，然后用温水冲洗，用卫生纸擦干。输精员将手指甲剪短磨光，手臂套上乳胶手套，涂上一层润滑剂，五指并拢成锥形，插入直肠，排出粪便。隔着直肠壁握住子宫颈管。左手臂稍微下压，使阴门开张。右手持输精管（枪），由阴门缓缓插入，开始先稍向上斜插，避开尿道口，然后再向下平插至子宫颈口，将输精管前端深入子宫颈口内3~4厘米（2~3个皱壁），将输精管（枪）稍微后拉即可输精，输精后缓慢拔出输精管（枪）。

五、输精注意事项

在输精时应注意以下方面。

（1）冻精在38~40℃温度下进行镜检，镜检活力0.3以下者不予输精。

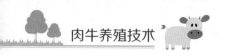

（2）直肠检查或输精，母牛努责、肠道形成空洞时，不要硬性抓捏。

（3）冬季输精要防止低温对解冻后精液的冷打击。

（4）输精器严格消毒，每头牛每次用一支，不能重复使用，防止污染。

（5）解冻后要立即输精，精液存放不应超过1小时。

（6）输清后要记录配种情况，包括公牛品种、公牛号、母牛号、冻精活力、输精时间、母牛发情状况等。

第四节　牛同期发情技术

同期发情就是利用某些激素制剂人为地控制并调整一群母牛发情周期的进程，使之在预定时间内集中发情。

1. 前列腺素法

对母牛统一肌内注射溶解黄体的激素，促使黄体溶解，达到同时间发情（表3-1）。

表 3-1　前列腺素法操作事项

注射时间	注射药物剂量
第一天	肌内注射 氯前列烯醇 4 毫升 / 头
第十一天	肌内注射 氯前列烯醇 4 毫升 / 头
第十三天发情	发情后根据卵泡发育适时输精

2. 孕激素制剂（阴道栓 +PG）法

对母牛持续使用孕激素或类似物，抑制卵泡的生长发育，10天后同时停药，使卵巢机能恢复正常，达到同时间发情（表3-2）。

表 3-2　孕激素制剂法操作事项

时间	处理方法
第一天	放置阴道栓
第七天	肌内注射前列腺素（PG）0.4 毫克 / 头
第九天下午	撤栓
第十天开始发情	发情后根据卵泡发育适时输精

第五节 妊娠与助产

一、妊娠检查

常用的妊娠检查方法有三种：外部观察法、阴道检查法和直肠检查法。

1. 外部观察法

母牛妊娠后不出现发情周期，食欲增加，被毛变得光亮，性情温驯，行动谨慎，到 5 个月后腹围明显增大，向右侧突出，乳房逐渐发育。

2. 阴道检查法

用阴道开张器进行妊娠诊断。向阴道内插入开张器时感到有阻力；打开阴道开张器时可看到黏膜苍白、干燥，子宫颈口关闭，向一侧倾斜。妊娠达 1.5~5 个月时，子宫颈塞的颜色变黄、稠脓；6 个月后，黏液变稀薄、透明，有些排出体外在阴门下方结成痂块。子宫颈位置前移，阴道变得深长。

3. 直肠检查法

采用直肠检查不仅能确定是否妊娠，还可大致确定其妊娠时间和胎儿的活动情况，直肠检查判断的依据：在怀孕初期，要以卵巢、子宫角的形状、质地的变化为主；当胚胎下沉不易触摸时，以卵巢位置及子宫中动脉的妊娠脉搏为主。

（1）检查步骤：先摸到子宫颈，再将中指向前滑动，寻找角间沟，然后将手向前、向下、再向后，分别触摸两个子宫角及卵巢。

（2）怀孕症状：母牛怀孕后不同时期生殖器官会有不同的变化。妊娠 30 天后，两侧子宫大小开始不一。孕角略为变粗，质地松软，有波动感，孕角的子宫壁变薄；空角较坚实，有弹性。用手握住孕角，轻轻滑动时可感到有胎囊，用拇指与食指捏起子宫角，然后放松，可感到子宫腔内有膜滑过。

妊娠 60 天后，孕角大小为空角的 2 倍左右，波动感明显，角间沟变得宽平，子宫向腹腔下垂，但依然能摸到整个子宫。

妊娠 90 天，孕角的直径长到 10~12 厘米，波动极明显；空角也增大了一倍，角间沟消失，子宫开始沉向腹腔，初产牛下沉要晚一些。子宫颈前移，有时能摸到胎儿。孕侧的子宫动脉根部出现微弱的妊娠脉搏。

妊娠 120 天，子宫全部沉入腹腔，子宫颈越过耻骨前缘，一般只能摸到两侧的子宫角。子叶明显，可摸到胎儿，孕侧子宫动脉的妊娠脉搏已向下延伸，可明显感到脉动。

妊娠 150 天，子宫臌大，沉入前腹腔区，子叶增长到鸡蛋大小，子宫动脉增粗，达手指粗细。空角子宫动脉也增粗，出现妊振脉搏。

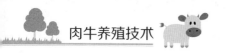
二、分娩

1. 预产日期推算

牛的妊娠期有品种间差别，短的274天，长至290天不等，平均按280天计算。预产期按月份数减"3"，日期数加"7"进行推算。如8月3日配准胎，则为5月10日预产，如2月28日配准胎，则为12月7日预产。

2. 分娩预兆

（1）骨盆。分娩前数天，骨盆部韧带变得松弛，荐骨后端松动，握住尾根做上下活动时，会明显感到尾根与荐骨容易上下移动。骨盆韧带松弛，尾根部出现肌肉窝，呈塌陷状。

（2）外阴部。分娩前数天，阴唇逐渐肿胀，阴唇上皮肤皱纹平展，颜色微红，质地变软，阴道黏膜潮红，黏液由稠变稀，子宫塞（栓）在临产前0.5~1小时随黏液排出，吊在后面。在临产时，尾巴频频高抬。

（3）乳房。临产前4~5天可挤出少量清亮胶样液体，产前2~3天可挤出初乳。乳头基部红肿，乳头变粗，有的母牛有滴奶现象。

（4）体温。在妊娠8~9个月时，体温上升到39℃，但临产前下降0.4~0.8℃。

（5）行为。临产前母牛食欲下降，离群寻觅僻静场所，并且勤回头，有不断起卧动作，初产牛则更显得不安。分娩预兆与临产间隔的长短因个体而异，必须随时观察。

3. 胎儿在母体内的位置

（1）胎向。胎向是指胎儿的纵轴同母体纵轴的关系。有三种胎向：一是纵向，指胎儿纵轴与母体纵轴平行；二是竖向，指胎儿纵轴与母体纵轴竖向垂直；三是横向，指胎儿纵轴与母体纵轴横向垂直。三者只有第一种是正常的胎向。

（2）胎位。胎位是指胎儿的背部与母体背部的关系。胎位也有三种：一是上位，胎儿的背部朝向母体的背部，胎儿卧伏在子宫内；二是下位，胎儿的背部朝向母体的下腹部，胎儿仰卧在子宫内；三是侧位，胎儿背部朝向母体的侧腹壁，左或右侧，三者只有第一种为正胎位。需要助产的胎位情况见图3-4至图3-12。

（3）前置。前置是指胎儿最先进入产道的部位。头和前肢最先进入产道的称头前置；后肢和臀部最先进入产道的称臀前置。这两者都属正常前置，其他胎儿姿势都属异常，如侧前置等。

（4）胎势。正常分娩时，应该是纵向、上位、头前置或臀前置。头前置为正生，此时两前肢和头伸展，头部的口鼻端和两前蹄先进入产道。臀前置为倒生，后肢伸展，两后蹄先进入产道。任何一种不符合以上两种（即使是部分的或局部）胎势的都属异常，如一条腿未伸展，或头侧扭等，必须予以矫正，方可任其自然生

图3-4　胎位为上位头前置，头和两前肢都进入产道为正产不需助产

图3-5　胎位为上位臀前置（倒生），后肢伸展两后蹄先进入产道需要助产

图3-6　胎位为上位，两前肢先进入产道，头侧位需助产

图3-7　胎位为下位，头和一前肢先进入产道需助产

图3-8　胎位为上位，两前肢没有进入产道需助产

图3-9　胎位为上位，臀部先进入产道两后肢弯曲需助产

图3-10　胎位为下位，臀部先进入产道两后肢弯曲需助产

图3-11　胎位为上位，两后肢和两前肢头同时进入产道需助产

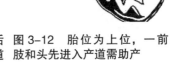

图3-12　胎位为上位，一前肢和头先进入产道需助产

产或继续助产。

4. 分娩过程

分娩过程分为三个时期，开口期、胎儿产出期和胎衣排出期（图3-13至图3-15）。三期全部完成才算分娩结束，任何过程完成不全时都会给生产带来危害。

（1）开口期。从子宫开始间歇性收缩，到子宫颈充分开张，这一期的特点是只有阵缩，为子宫肌的自发收缩，并不出现努责。此时，初产母牛通常表现

图3-13　分娩的预兆，频频做排尿姿势安静不要靠近

不安，不吃食，时起时伏，来回走动，时而拱背抬尾，作排尿姿势，经产牛一般表现比较安静，有的甚至看不出明显征状。开口期为1~12小时。

（2）胎儿产出期。从子宫颈完全开张至腹肌收缩，努责出现，推动胎儿通过子宫颈。在这一过程中，母牛表现烦燥，腹痛，呼吸和脉搏加快；牛在努责出现后卧地，有灰白色或浅黄色羊膜囊露出阴门；接着羊膜囊破裂，羊水同胎儿一起排出。但并非所有母牛分娩都是这样，有的羊膜囊先行破裂，羊水流出，再产出胎儿。有的尿囊先破裂后随胎儿排出时排出尿囊液；也有尿囊提前破裂而先排出尿囊液，而后才显露羊膜囊的。胎儿排出期为0.5~4小时。

图3-14　母牛站立不安，请不要打扰

（3）胎衣排出期。从胎儿产出到胎衣完全排尽为止。胎儿产出后，母牛安静下来，稍休息后，约几分钟子宫又开始收缩，伴有轻度努责，使胎儿胎盘同母体胎盘脱离，最后把全部胎盘（包括尿膜—绒毛膜上的胎儿

图3-15　母牛卧地胎儿前肢已露出，
胎儿即将产出

胎盘）、脐带和残留的胎液一起排出体外。牛的胎衣排出期为2~8小时。如果10个小时尚未排出或未排尽，应按胎衣不下进行治疗。

三、助产

助产是指在自然分娩出现某种困难时人工帮助产出胎儿。是顺着分娩节奏将犊牛引出产道和产出后的护理。

一般情况下，不要干预母牛分娩。助产人员只需监视分娩过程，在犊牛产下后，对犊牛进行护理。未发现母牛呈难产症状时，不要在母牛跟前走动。若发现以下情况应立即助产：胎儿口鼻露出，却不见产出时，将消毒后的手臂伸进阴道进行检查，确定胎位是否正常，若为头在上两蹄在下无曲肢的情况，为正常，应等待其自然产出，必要时也可以人工辅助拉出。若只见前蹄，不见口鼻，应摸清头部是否正位，当正位时，可待其自然生产；若是弯脖，则应调整姿势。以上几种情况下，一旦包住口鼻的胎膜破裂应立刻设法拉出，以免呛鼻或窒息。若口鼻部和两前肢已经露出阴门，可当即撕破羊膜，待其产出。遇到倒生的情况应当立即拉出胎儿。

四、常见难产的处理

母牛难产常常发生在用大型肉用品种牛改良小型本地牛的情况，尤其是以本地青年母牛选配时最容易发生。

1.症状

到达预产期的母牛出现了强烈努责，半小时以上不见犊牛产出；或者胎水已排出，却不见犊牛肢蹄伸出；或者虽有部分肢蹄或头嘴露出，却并不产出，可以定为难产。

2.病因

较多的是胎犊的胎位不正，或者产道狭窄，或者胎儿头部过大，或者母牛比较衰弱。

3.助产方法

立即进行胎位检查，对胎位不正的进行扶正操作。

对于前置上位纵向的胎儿，可能有一前肢蜷曲，如肩关节蜷曲或肘、腕关节蜷曲；也可能双前肢蜷曲，或胎头下弯或侧弯。此时应该在没有努责的时候用手将胎儿推入腹腔，将前肢顺直；在头部弯曲时，用手抓住胎头鼻嘴部扭正。当一只手无力顺正时，可用助产绳套住胎犊下颌，由助手拉直，主助产师应推挡胎犊颈胸部，扶正后顺母牛努责之势，将胎犊顺势牵出。

对于后置上位纵向的胎儿，可能是后肢未伸直，跗关节蜷曲或者髋关节蜷曲。此种情况可能是一侧，也可能是两侧。当跗关节蜷曲时，主助产师将手伸入产道子宫内，握住胎犊尾部及大腿部向前推送，再握住跗关节下和胫骨部上端，向上并向后拉向产道，接着手握蹄端向上并向后拉回，伸直后再顺势随母牛努责将胎儿牵出。

对于双胎难产情况，有前后不同的两头犊时先拉住距产道口近的一头，推回远的一头；先牵出一头，再确定后一头的胎位，继而助产。

在胎犊过大或产道过窄时，要在套好助产绳时，切开产道狭窄部，胎牛娩出后，立即缝合。

助产时牵引绳不能系死扣，用单滑结活扣为好（图3-16）；或者用专用的产科绳。套绳时主要拴在胎犊前肢的球节上，倒生时拴在两后肢跗部上方。在头部套绳时，将助产绳自两耳后，绕向两侧颊部，在胎儿口中将结口固定住。

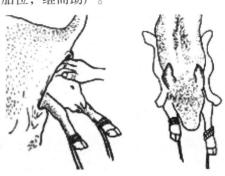

图3-16　助产挽引方向和方式

第四章
饲料与营养

第一节　牛饲料分类

牛饲料分为粗饲料、精饲料、多汁饲料、矿物质饲料和维生素类饲料和饲料添加剂六大类。

一、粗饲料

干物质中粗纤维含量大于或等于 18% 的饲料统称粗饲料。粗饲料主要包括干草、秸秆、青绿饲料、青贮饲料四种。

1. 干草

为水分含量小于 15% 的野生或人工栽培的禾本科或豆科牧草。如野干草（秋白草）、羊草、黑麦草、苜蓿等。

2. 秸秆

为农作物收获后的秸、藤、蔓、秧、荚、壳等。如玉米秸、稻草、谷草、花生藤、甘薯蔓、马铃薯秧、豆荚、豆秸等。有干燥和青绿两种。

3. 青绿饲料

水分含量大于或等于 45% 的野生或人工栽培的禾本科或豆科牧草和农作物植株。如野青草、青大麦、青燕麦、青苜蓿、三叶草、紫云英和全株玉米青饲等。

4. 青贮饲料（秸秆微贮）

是以青绿饲料或青绿农作物秸秆为原料，通过铡碎、压实、密封，经乳酸发酵制成的饲料。含水量一般在 65%～75%，pH 值 4.2 左右。含水量 45%～55% 的青贮饲料称低水分青贮或半干青贮，pH 值 4.5 左右。

二、精饲料

干物质中粗纤维含量小于 18% 的饲料统称精饲料。精饲料又分能量饲料和蛋白质补充料。干物质粗蛋白含量小于 20% 的精饲料称能量饲料；干物质粗蛋白含量大于或等于 20% 的精饲料称蛋白质补充料。精饲料主要有谷实类、糠麸类、饼粕类三种。

1. 谷实类

粮食作物的籽实，如玉米、高粱、大麦、燕麦、稻谷等为谷实类，一般属能量饲料。

2. 糠麸类

各种粮食干加工的副产品，如小麦麸、玉米皮、高粱糠、米糠等为糠麸类也属能量饲料。

3. 饼粕类

油料的加工副产品，如豆饼（粕）、花生饼（粕）、菜子饼（粕）、棉籽饼（粕）、葫麻饼、葵花仔饼等为饼粕类。均属蛋白质补充料。

三、多汁饲料

干物质中粗纤维含量小于 18%，水分含量大于 75% 的饲料称多汁饲料，主要有块根、块茎、瓜果、蔬菜类和糟渣类两种。

1. 块根、块茎、瓜果、蔬菜类

如胡萝卜、萝卜、甘薯、马铃薯、南瓜、大白菜等均属能量饲料。

2. 糟渣类

如粮食、豆类、块根等湿加工的副产品为糟渣类。如淀粉渣、糖渣、酒糟属能量饲料；豆腐渣、酱油渣、啤酒渣属蛋白质补充料。甜菜渣因干物质粗纤维含量大于 18%，应归入粗饲料。

四、矿物质饲料

能提供肉牛矿物质需要的天然矿物质或人工合成矿物质称矿物质饲料，以补充钙、磷、钠、氯、等常量元素（占体重 0.01% 以上的元素）为目的。如石粉、碳酸钙、磷酸钙、磷酸氢钙、食盐等称常量矿物质饲料，以补充铁、锌、铜、锰、碘、钴、硒等微量元素（占体重 0.01% 以下的元素）为目的，如硫酸亚铁、亚硒酸钠、氯化钴、硫酸铜、硫酸锰等微量矿物质饲料。

五、维生素类饲料及饲料添加剂

肉牛主要补充维生素 A、维生素 D、维生素 E。

为补充营养物质、提高生产性能、提高饲料利用率，改善饲料品质，促进生长繁殖，保障牛健康而掺入饲料中的少量或微量营养性或非营养性物质，称饲料添加剂。瘤胃缓冲调控剂，如碳酸氢钠、脲酶抑制剂等，酶制剂，如淀粉酶、蛋白酶、脂肪酶、纤维素分解酶等；活性菌（益生素）制剂，如乳酸菌、曲霉菌、

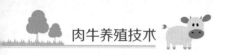

酵母制剂等；另外还有饲料防霉剂或抗氧化剂。

第二节　矿物质饲料和维生素饲料作用及缺乏症

一、微量元素和维生素缺乏症

微量元素和维生素缺乏症表现详见表 4-1 至表 4-3。

表 4-1　微量元素和维生素缺乏症一览表

名称	功能	缺乏症	主要来源
钙	骨骼和牙齿的形成、血液凝结、肌肉收缩	佝偻病、生长缓慢、骨骼发育不良、易骨折、产奶量下降、乳热症、胎衣不下	苜蓿草、豆科干草、石粉、磷酸氢钙、骨粉、鱼粉、4% 佳农预混料、5% 佳农预混料、佳农浓缩料
磷	骨骼和牙齿的形成、参与磷脂的构成、参与糖代谢、构成 DNA 和 RNA、组成体内缓冲体系	佝偻病、软骨病、骨质疏松、抵抗力下降、产奶量下降、异嗜癖、发情异常、久配不孕	谷实糠麸、豆科干草、磷酸钙盐、骨粉、鱼粉、4% 佳农预混料、5% 佳农预混料、佳农浓缩料
铁	组成血红素成分、酶的组成成分	营养性贫血、可视黏膜苍白、食欲减退	青干草、糠麸类、硫酸亚铁、鱼粉、肉骨粉、佳农预混料、佳农浓缩料
铜	参与造血功能、促进铁的吸收、酶的组成成分、骨骼的构成、参与被毛皮肤色素代谢、直接参与繁殖机能	生长缓慢、消瘦、产奶量下降、骨质疏松、共济失调、被毛褪色、"灰镜"、繁殖障碍	牧草、糠麸、油饼、谷类、佳农预混料、佳农浓缩料
钴	维生素 B12 的组分、参与脂肪代谢、蛋白质代谢、维持生殖机能正常、维持甲状腺功能、增强锌的活性、抗病力免疫功能	食欲减退、消瘦、贫血、生长缓慢、体重减轻、被毛粗乱、泌乳量下降、出现繁殖障碍、腹泻	氯化钴、维生素 B12、佳农预混料、佳农浓缩料
碘	合成甲状腺素、促进生长、影响繁殖机能和产奶量、控制代谢速率、防止胡萝卜素的破坏、促进维生素 A 的合成	甲状腺机能不全、影响生长发育、产奶量下降、体质下降、胎儿死亡、胎衣不下、繁殖障碍	碘化钾、牧业盐、佳农预混料、佳农浓缩料

（续表）

名称	功能	缺乏症	主要来源
锰	形成骨骼、维持正常繁殖机能、是许多酶的组分、促进粗饲料消化、参与维生素B、维生素C、维生素E的合成	生长发育缓慢、被毛干燥褪色、骨骼畸形、不孕、流产、发情异常	糠麸类、佳农预混料、佳农浓缩料
锌	酶的重要组分、酶的激活剂、促进体内糖代谢、维持肢蹄健康、维持正常的生殖机能、增强机体抵抗力、促进伤口愈合	食欲减退、消化功能紊乱、异嗜、角化不全、皮肤增厚、蹄肿胀、繁殖障碍、创伤难愈合	硫酸锌、鱼粉、佳农预混料、佳农浓缩料
硒	抗氧化作用、参与酶的合成、兴奋心脏作用、刺激免疫力的提高、影响繁殖机能、与维生素E有密切关系	白肌病、胎衣滞留、繁殖机能障碍、持续性腹泻、心脏机能障碍	苜蓿草、小麦、燕麦、麸皮、玉米、亚硒酸钠、佳农预混料、佳农浓缩料
维生素A	维持上皮组织的完整、正常的视觉、维持正常的生殖机能、增强机体抵抗力	生长发育缓慢、生殖机能障碍、夜盲症、皮肤病、抵抗力下降、产奶量下降	胡萝卜及其叶子、优质干草（苜蓿草）、玉米青贮、青绿饲料、红薯、南瓜、佳农预混料、佳农浓缩料
维生素D	调节钙和磷的代谢、维持血液钙磷浓度、促进骨骼牙齿钙化	佝偻病、软骨症	晒干的干草、鱼肝油、佳农预混料、佳农浓缩料
维生素E	抗氧化作用、与硒协同作用、维持生殖系统正常结构	白肌病、心肌变性、骨骼肌变性、肝细胞坏死、生殖机能障碍	青草、干草（苜蓿草）、谷实类胚芽、佳农预混料、佳农浓缩料

表 4-2　牛微量元素缺乏症表现

症状	铁		铜		钴		碘		锰		锌		硒	
	A①	Y③	A	Y	A	Y	A	Y	A	Y	A	Y	A	Y
生长不良		√		√		√		√		√		√		
增重缓慢			√		√				√		√			
牛奶产量下降			√		√		√				√			
食欲不振	√	√	√		√	√	√	√			√	√		
繁殖障碍			√		√		√		√		√			

症状	铁		铜		钴		碘		锰		锌		硒	
	A①	Y③	A	Y	A	Y	A	Y	A	Y	A	Y	A	Y
异食癖（舔墙）			√		√	√								
消瘦			√		*	*								
贫血	√		√		√	√								
腿无棱角			√						*	*	√	√		
容易骨折			√											
瘸腿			√						√	√	√	√		√
心脏病			*	*										
腹泻			√		√	√								
毛脱色			*	*										
毛粗糙	√	√			*	*		√			√	√		
掉毛							√				*	*		
皮肤易感染											*	*		
甲状腺肿							*	*						
蹄壳变形											√	√		
肌肉萎缩														*

注：A= 成年牛，Y= 幼年牛，√ = 一般症状，* = 特殊症状

表 4-3　微量元素和维生素缺乏对繁殖紊乱的影响

繁殖紊乱	钙	磷	铜	钴	碘	锰	硒	锌	铁	维生素 A	维生素 E
发情周期长短不均			△		△					△	
乏情或安静发情			△	△	△					△	
妊娠所需配种次数增加			△	△	△					△	
流产					△		△		△	△	△
胎衣不下	△	△			△					△	
产后瘫痪（产乳热）	△	△									

注：△表示有影响

二、妊娠期间营养缺乏症

妊娠期间营养缺乏对出生牛健康的影响详见表4-4。

表4-4 妊娠期间营养缺乏对出生牛健康的影响

营养	小牛缺乏症
能量	初生重量低；不壮实；生长慢
蛋白	初生重量低；生长慢；免疫力低
钙与磷	一般无疾病
碘	甲状腺肿
铜	虚弱，表现佝偻病
硒	生长发育不良，白肌病，瘫痪或心力衰弱
维生素 A	导致妊娠期缩短，严重至流产；虚弱、眼盲或运动失调；白痢
维生素 D	佝偻病（少见）
维生素 E	小腿无力，战立困难和无力吸奶，与缺硒有关

第三节　影响母牛发情的营养因素

一、饲料中蛋白质和能量

1. 蛋白质营养与母牛繁殖力

日粮蛋白质水平对母牛的繁殖具有重要的作用。蛋白质缺乏不但影响发情、受胎和妊娠，并由于日粮适口性下降而导致体重降低，直接或间接影响母牛的繁殖。

2. 日粮能量浓度与母牛繁殖力

母牛的繁殖力受日粮中能量水平的制约，能量不足和过剩都会对繁殖力产生不利影响。能量不足通常发生在饲料质量低劣、限制饲养、产后泌乳初期及高泌乳量等条件下，以产后初期最为常见，这是由母牛产后的生理特时所决定的。当出现能量负平衡时，为保证泌乳对能量迅速增加的需要，母牛必然动用体能的贮备，引起体况的下降，不利于促黄体素（LH）的分泌，母牛血清葡萄糖和胰岛素浓度也降低，影响了卵泡细胞的发育，从而阻止了排卵，影响繁殖力。当母牛产后初始体重下降20%～24%时，母牛发情周期终止，卵巢静止。

二、饲料中的常量元素和微量元素

1. 钙（Ca）、磷（P）

母牛日粮缺钙，可导致骨软化和骨质疏松，繁殖力下降，怀孕母牛缺钙常导致胎儿发育受阻甚至死胎，并引起产后瘫痪。日粮中钙、磷缺乏或过量可导致分娩时发生产乳热，这对牛奶生产和母牛繁殖有较强负作用。母牛缺磷常导致卵巢萎缩、不发情、屡配不孕、受精率低、流产、产弱犊、胎衣不下及泌乳期短等症状。日粮中钙、磷比例不当也影响母牛的生殖机能。

2. 铜（Cu）

母牛缺铜时繁殖性能会发生紊乱，卵巢机能低下，发情迟缓。

3. 锌（Zn）

锌通过影响母牛性腺活动和性激素分泌影响母牛的繁殖机能。缺锌会改变前列腺素的合成，从而影响黄体的功能。当母牛缺锌时卵巢囊肿，发情异常，会引起性周期紊乱，受胎率降低，易发生早产、流产、死胎及胎儿畸形等。

4. 硒（Se）

硒（Se）是谷胱甘肽过氧化物酶的组成成分，适宜体内含量可消除脂质过氧化物的毒性作用，从而提高免疫机能。生产中，硒和维生素 E（VE）是提高母牛繁殖率和生产力的重要物质，往往同时添加。当 Se 和 VE 缺乏时，母牛不规则发情或根本不发情，子宫炎及卵巢囊肿升高，受胎率低，受胎的也不能正常发育，造成流产或死胎，存活的犊牛体质也不健康。实践证明，冬春季节长期缺乏青绿饲料时，给妊娠后期母牛和新生犊牛注射亚硒酸钠，对提高母牛繁殖率、犊牛成活率有良好的作用。若将 Se 和 VE 加入饲料中饲喂，也能收到很好的效果（100千克饲料加入 0.022 克无水亚硒酸钠，同时按每千克饲料加入 20~25IU 的 VE）。母牛配种输精前后注射亚硒酸钠和 VE 能明显提高受胎率。

5. 钴（Co）

钴是形成维生素 B_{12} 结构的重要活性组成部分，钴在动物体内能影响红细胞的合成，并激活部分酶，进而影响相关的繁殖生理功能。此外，钴还可以作为其他多种生物活性物质的组分或自由离子参与动物体内的生理生化反应。缺钴性贫血的母牛不能发情，初情期延迟、卵巢机能丧失、易流产和产弱胎，给牛补饲钴盐，能促进其发情，增加受胎率，从而提高其繁殖性能。

6. 锰（Mn）

锰是参与胆固醇的合成，缺锰时，胆固醇及其前体合成受阻，从而引起性激素合成障碍，发生输精管退化性病变，精子减少，性机能衰退，睾丸退化，性周期紊乱以致不育。青年母牛缺锰表现为发情周期不正常，受胎率降低；成年母牛表现为繁殖力低下，易发生流产。锰还参与黄体组织的代谢，采食低锰日粮的母牛流产和卵巢囊肿的发病率增高。缺锰的母牛即使能正常发情、排卵和受精，但受精卵在子宫附着困难，往往出现受精而不怀胎、早期不明原因的隐性流产或所产牛犊先天性畸形、生长缓慢、被毛干燥、褪色，腿畸形而用球关节以上着地等。

7. 碘（I）

碘是合成甲状腺素和三碘甲腺原氨酸的必需原料。母牛缺碘后会导致甲状腺与垂体之间功能紊乱，造成排卵机制障碍，引起发情不排卵，性周期紊乱，胚胎发育受阻，受胎率明显降低。受胎后胎儿发育不良，易于流产，出现死胎和母牛胎衣停滞等症状。如常年给母牛补碘后，牛发情排卵正常，配种期缩短，受胎率可提高 20% 以上，所产牛犊健壮，成活率高。

三、饲料中的维生素

1. 维生素 A

维生素 A 与母牛的繁殖力和胎儿的生长发育密切相关。β–胡萝卜素可以降低胎衣不下和子宫炎的发病率，原因是其提高了临产前血液中 β–胡萝卜素的浓度，增强淋巴细胞和吞噬细胞的功能，进而提高牛的抵抗能力，降低繁殖疾病的发生率。若日粮中缺乏维生素 A，会导致母牛发生生殖器官炎症，隐性发情，发情期延长，延迟排卵或不排卵，黄体和卵泡囊肿，使受胎率降低，胎盘形成受阻，胚胎死亡、流产，胎衣不下和子宫内膜炎等。

2. 维生素 D

维生素 D 有维生素 D_2 和维生素 D_3 两种活性形式，维生素 D 最基本的功能是促进肠道钙、磷的吸收，提高血液钙和磷的水平，促进骨的钙化。牛放牧每天能够由皮肤合成 3 000~10 000IU 维生素 D。临产前添加大剂量维生素 D 可预防产后瘫痪，保证牛机体健康。此外，维生素 D 对牛的繁殖也有间接作用。一些研究证明，补充维生素 D 可以提高母牛的受胎率，并可使发情症状明显。

3. 维生素 E

又称生育酚，是一组化学结构近似的酚类化合物。它具有多种生理功能，特别是具有生物抗氧化作用，可以防止细胞膜中脂质过氧化和由此引起的一系列损害。维生素 E 与前列腺素的合成有关，因而对改善繁殖功能有重要的作用。近几年报道，繁殖失调（最突出的是胎衣不下）发生率与 VE 的摄入量有关。维生素 E 与微量元素硒具有协同作用，在妊娠母牛预产前 60~70 天肌内注射亚硒酸钠维生素 E，可明显改善健康和生产状况，特别是对减少胎衣不下及临床型乳房炎有效。一般认为在补充硒适当的情况下，对奶牛补充 VE1 000IU/ 天能减少胎衣不下的发生率。

第五章
肉牛育肥技术

肉牛育肥可以分为三大体系。按肉的质量划分，可分为普通肉牛育肥、高档肉牛育肥；按育肥经营方式可分吊架子育肥和直线育肥；按年龄、性别可分犊牛育肥、青年牛育肥、成年牛育肥、淘汰母牛育肥、公牛育肥、母牛育肥、阉牛育肥。

本章节从通辽生产实践出发，主要介绍育肥牛四大技术模式即犊牛育肥技术、小牛肉生产技术、架子牛育肥技术、高档牛肉生产技术。

第一节　犊牛育肥技术

犊牛育肥就是利用牛的生长发育特时，从犊牛断奶后直线育肥或实施补偿生长育肥，犊牛育肥开始体重从 150~200 千克，经 8~10 个月育肥体重达 500~550 千克。

一、犊牛的挑选

选择肉牛品种或西门塔尔牛改良二代以上的犊牛，挑选要点一是要四肢强壮、头较大、腹围大、结构匀称；二是食欲旺盛、精神状态好、无疾病。

二、育肥技术

1. 均衡饲养法

饲料的营养水平根据牛的体重变化而调整，全程平均日增重达 850~950 克，平均育肥 10 个月，可以常年均衡生产。根据市场行情，如果优质牛肉价格高，在育肥结束后可以进行 60~80 天的强度育肥，以改善牛肉品质（表 5-1）。

表 5-1　育肥模式流程

名　称	育肥前期	育肥中期	育肥后期	强度育肥期
时　间	60 天	150 天	90 天	60~80 天
日粮精粗比	35：65	45：55	(55~60)：(45~40)	(65~75)：(35~25)

（续表）

名　称	育肥前期	育肥中期	育肥后期	强度育肥期
日粮粗蛋白	13%	13%～15%	11%～12%	10%
日增重目标（克）	600～650	1000～1100	900～950	800～850

注：同一阶段的日粮要保持稳定，进入下一阶段换料时要有7～10天过渡期

2.应用补偿生长原理采用前低后高饲养法

牛购进后，饲养方式以粗料为主，有条件的地方辅以放牧方式，牛的日增重控制在400克左右。根据牛的市场行情确定低饲时间，但最好不应超过5个月。犊牛从出生到3月龄不能低标准饲养，因此期补偿生长弱，低饲结束后转为高营养饲养时，前期日增重达1.5～1.8千克，可节约精饲料，降低饲养成本。但是，出栏时间会变长。

3.推荐饲料配方和饲喂方法

推荐的饲料配方见表5-2。

表5-2　推荐饲料配方

名　称	低饲期推荐配方	高饲期推荐配方
玉米	1～2千克	65%～70%
麸皮		8%～10%
饼类饲料	0.5～1千克	15%～18%
尿素	20～30克	1%
佳农预混料	30克	4%
小苏打		1%～2%
食盐	啖盐	1%～1.5%
粗料	自由采食	自由采食
水	自由饮水	自由饮水

以体重250千克刚上槽的牛和佳农育肥牛40%的浓缩饲料为例，予以说明。

用20千克饲料和30千克玉米粉搅拌均匀后，每天每头牛喂1.5千克起步，通过7～10天过渡到每头每天饲喂2.5千克，即按照浓缩饲料40%、玉米粉60%搅拌成精料补充饲料，初期按照牛体重的1%饲喂精料，粗饲料吃饱，日喂二次。每过一个月通过7～10天过渡增加一次精饲料，每次增加0.2千克浓

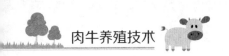

缩饲料，0.3千克玉米粉。通过4~5个月饲喂，浓缩饲料喂量达1.8~2千克，玉米粉3千克左右，育肥牛体重达500千克左右。在以后的饲养中，每个月浓缩饲料不再增加，玉米粉每个月通过7~10天过渡增加0.75千克，在精饲料过渡时认真观察牛的食欲和粪便情况，如果饲槽中出现剩料或粪便出现严重过料和轻微拉稀，都不要再增加精饲料喂量，可以通过延长精饲料过渡时间进行缓解。在饲养实践中，如果育肥牛的食欲好、粪便没有严重过料，下个月可以增加玉米粉0.8千克、0.9千克或1千克，育肥后期按照牛体重的1.2%~1.4%的比例饲喂精饲料。

三、管理技术要点

1. 去角
采用火碱法、电烫法。

2. 驱虫
驱虫可用阿维菌素或伊维菌素根据药物说明投喂。

3. 及时变更日粮组成
在变更日粮时要有7~10天过渡期。

4. 群饲
10~15头一群，每头牛占有面积4~4.5平方米，无运动场，自由采食，自由饮水。要根据体重及时分群，保证牛只都能吃到足够的饲料，均匀生长。

5. 卫生
每天清扫牛圈粪尿1~2次，2~3周对畜舍消毒一次。

6. 观察
注意观察牛只健康状况，有病者及时隔离治疗。

7. 注射疫苗
口蹄疫疫苗最好每三个月注射一次。

第二节　小牛肉生产技术模式

小牛肉是指犊牛出生后饲养6~8个月，在特殊饲养条件下育肥至250~350千克时屠宰，其肉质细嫩多汁呈淡粉红色，风味独特，价格昂贵，是国内涉外饭店的上等菜肴。在缺铁条件下不使用任何其他饲草和饲料生产的牛肉称为"小白牛肉"；适当补饲，同时不限制铁的采食而生产的牛肉称为"小牛肉"。

一、犊牛选择

1. 品种

目前条件下以选择荷斯坦奶公犊为主，数量多、规模大，便于组织生产。有条件的地方选择西门塔尔牛、海伏特牛、安格斯牛改良杂交牛生产的公犊亦可。

2. 体重

新生小公牛，出生重不小于 35 千克，健康无病。

3. 体型

选择头方大，前管围粗壮，蹄大的牛犊。

二、育肥指标及关键技术

育肥结束体重，活重达 300~350 千克，胴体重 150~250 千克。

育肥结束日龄，180~240 日龄。

胴体体表均匀覆盖一层白色脂肪，肉质呈淡粉红色，多汁。屠宰率可达 58%~63%。

"小白牛肉"生产的关键技术是控制牛摄入铁的量，强迫牛在缺铁的条件下生长。

三、饲养管理技术要点

1. 饲料

生产"小白牛肉"，初生至 1 个月牛用代乳品或全乳，30 日龄以后到屠宰用人工乳饲喂；如果生产"小牛肉"初生至 1 个月牛用代乳品或全乳，30 日龄以后可以饲喂一些其他饲料（表 5-3、表 5-4）。

表 5-3　生产"小白牛肉"犊牛代乳品推荐配方

原料名称	添加比例（%）
脱脂乳	60
植物油	15
乳清粉	15
玉米粉	7
矿物质、维生素	3
合计	100

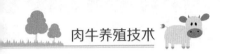

表 5-4 生产"小牛肉"犊牛代乳品及推荐饲料配方

项目	代用乳 1~30 日龄	31 日龄至屠宰
脱脂奶粉	60~80	
玉米蛋白粉	5~10	5~10
玉米高粱		40~50
麦麸、米糠		5~10
豆饼	5~10	
亚麻饼		20~30
油脂	5~10	5~10
合计	100	100

2. 饲喂方法

小公犊的健康及生长速度和实施的计划采食量关系非常密切,应因地制宜制订小公犊饲喂计划。

表 5-5 奶公犊饲喂计划

周龄	代乳品（千克）	水（千克）
1	0.3	3
2	0.66	6
8	1.8	12
12~14	3	16

代乳品饲喂温度:2~3 周温度为 36~38℃。以后 30~35℃。给犊牛哺乳时要"四定",既定量、定时、定温、定人。其他管理参照"犊牛饲养章节"。

3. 管理技术要点

生产"小白牛肉"严格控制喂牛饲料和饮水的含铁量。犊牛栏应采用漏粪地板,严格禁止犊牛接触泥土,饮水充足,按计划饲喂人工代乳饲料。生产"小牛肉"可以每天日喂干草 0.3~0.5 千克和其他饲料。

第三节 架子牛育肥技术模式

一、架子牛的选择

选购架子牛是架子牛育肥的关健。架子牛质量好，差额利润大，则育肥利润高，否则获得利润小或无利可图。对架子牛进行育肥时应注意以下要点。

1. 收购架子牛的准备工作

在进行育肥前测算收购一头牛的价格，估算育肥过程中的费用，和按照当前育肥牛价格预测出售收入，使支出和收入大概情况心中有数，另外需贮备一定数量的粗饲料，因粗饲料的贮备有一定季节性和时效性。

2. 收购架子牛时牛价格的组成

价格的组成主要包含以下方面：

①牛价；②交易费；③手续费（中介费）；④运输费；⑤运输掉重损失费；⑥易耗品费用；⑦其他不可预见费。

3. 育肥期费用

育肥期费用主要包含以下方面：

①精饲料费用；②粗饲料费用；③浓缩饲料或预混料及添加剂费用；④人员工资费用；⑤兽医药品费用；⑥牛舍折旧费；⑦水电及低值易耗品费用。

4. 体重倒挂价格的计算

育肥牛体重倒挂价是指在买架子牛时，架子牛体重单价与预期出售育肥牛时的体重单价的差额，现在育肥牛比架子牛体重每市千克低2~3元，牛年龄越小，体重倒挂价越大。

品种纯、改良代数高、年龄较轻的牛，倒挂价可以大些，因为这样的牛再强度育肥后，生长速度快，可以获得较高的利润。

通辽市场架子牛体重越大，倒挂价越小。体重大的架子牛催肥的时间短，饲料消耗相对少，可以获得较好的利润。但是牛单位价格高，养殖风险变大，一般养殖户难以承受。

根据架子牛所买时的价格，预计出栏时的肉牛价格，进行利润测算。

5. 品种选择

牛品种间的生产性能差异较大，不同品种牛，不同类型牛的成熟期，最佳屠宰体重都有不同（表5-6、表5-7），因此对它们的饲养管理也应有所不同。在选择品种时应尽量选择地方良种和引进品种改良杂交一代、二代牛，这样的牛生长速度快，纯地方良种牛肉的品质好，但生长速度相对较慢，如秦川牛是我国生

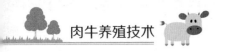

产高档牛肉的首选黄牛品种。

表 5-6　我国主要黄牛品种，产地和特点一览表

牛品种	主要产地	特　　点
秦川牛	陕西省关中地区，由八百里秦川而得名	较大型的肉用品种，肉质好。毛色为紫红色、红、黄色三种
南阳牛	河南省南阳市白河和唐河流域的平原地区	较大型的肉役兼用品种，毛色为黄、红、草白三种，肉质细嫩、大理石花纹明显
鲁西牛	山东省菏泽、济宁地区	较大型的肉役兼用品种，毛色为浅黄到棕红色，以黄色为主
晋南牛	山西省运城、临汾地区	我国四大地方良种之一，毛色以红色和枣红色为主
延边牛	东北三省东部的狭长地区，主要分布延边州	较大型的肉役兼用品种，毛色多呈黄色和浅黄色
三河牛	内蒙古呼伦贝尔市	肉乳兼用品种，毛色为黄（红）白花
草原红牛	内蒙古赤峰市吉林白城地区	肉乳兼用品种，毛色以紫红色为主
科尔沁牛	内蒙古通辽市及周边地区	大型肉乳兼用品种，毛色为红（黄）白花

表 5-7　引入我国的肉用或兼用型牛

品种	原产国	特点
海伏特牛	英国	肉用、早熟、体型小
夏洛来牛	法国	肉用、大型、全身白毛
利木赞牛	法国	肉用、大型被毛红色
安格斯牛	英国	肉用、黑毛、中等体型
西门塔尔牛	瑞士	乳用兼用型牛、红（黄）白花
和　牛	日本	肉用、黑毛或褐色毛、肉质好
皮埃蒙特牛	意大利	被毛白晕色，屠宰率和瘦肉率高
南德温牛	英格兰	无角，大型肉用品种，被毛多为黄色

6. 牛年龄的选择

牛的增重速度、胴体质量、活重、饲料利用率都和牛的年龄有密切关系，因此在选择架子牛时，应重视牛龄的选择，牛龄的判断最准确的方法是根据出生卡片，但无出生记录时应根据牛的外貌、角轮、牙齿状况估测（表5-8）。角轮鉴别牛的年龄受地区限制很大，在冬夏温差大，牛的营养变化大时，角轮鉴定年龄的准确性很高，否则准确性差。一般根据牛的牙齿变化规律鉴定年龄比较准确。

表5-8　牛不同年龄门齿的一般变化规律

门齿变化情况	年龄
第一对乳齿由永久门龄代替 （第一对牙）	1.5~2 岁
第二对永久门齿出现	2.5 岁
第三对永久门齿出现	3.5 岁
第四对永久门齿出现	4.5 岁
永久门齿磨成同一水平，第四对亦出现磨损。	5~6 岁
第一对门齿中部出现珠形圆点	7~8 岁
第二对门齿中部显现珠形圆点	8~9 岁
第四对门齿中部出现珠形圆点	10~11 岁
牙齿的弓形逐渐消失，变直，呈三角形，明显分离，呈柱状	12岁以后

（1）年龄对增重速度的影响。年龄对增重的影响主要有两种情况：年龄小生长与育肥同时进行，增重速度随年龄的增加而渐缓；年龄大，生长与育肥分期进行。体况较瘦的不同年龄的牛，在充分肥育时，年龄较大的牛因其胃容量和骨架较大，因此增重也较快。

（2）年龄对增重效益的影响。众多试验证明，年龄小的牛增重单位活重所消耗的饲料量比年龄大的牛要少，这是由于年龄小的牛活重增加主要是肌肉、骨骼、内脏；而年龄大的牛活重增加大部分为脂肪。饲料转化为脂肪的效率大大低于肌肉、内脏；另外年龄小的牛身体组成部分的含水量比例高于年龄大的牛。

（3）年龄对饲料总消耗量的影响。在饲养期内饲喂充足的精料及高品质粗料时，年龄小的牛每天消耗饲料量少，但饲养期长，年龄大的牛虽然采食量大，但饲养期短。经笔者试验测算，在一定年龄条件下，直线育肥达到上等肉牛品质时，犊牛、1岁牛、2岁牛的年龄差异和饲料总消耗量无大的差别。但犊牛4月

龄后用大量粗饲料进行吊架子，然后应用补偿生长的原理在后期强度育肥，整个饲养期所消耗的精粗饲料数量明显低于直线育肥肉牛。

（4）年龄对投资周期的影响。购买犊牛的费用较1~2岁牛少，资金占用小，但育肥期长，资金周转慢，并且犊牛要求的饲料品质、饲养管理水平高，综合分析养1~2岁牛比饲养犊牛经济。

（5）牛龄对饲养管理多变性的影响。年轻的牛能适合不同的饲养管理方式，可变弹性大，年轻牛通过变更饲养标准和方式，可以延长或缩短育肥期，老年牛在已沉积较多脂肪时，变更饲养标准和方式较困难。

（6）年龄对市场应变能力的影响。年轻牛当市场价格变化时，可以通过调整饲养方式和给料水平变更出栏时间，市场应变能力强，老年牛则因体形体重已达一定程度，变更饲养标准较难，所以市场应变力较差。

7. 年龄、体重、价格三位一体的选择

在选购架子牛时，体重指标必须考虑年龄因素，哪个年龄段应该有多大的体重并且同价格挂钩，在选购架子牛时制订年龄、体重、价格三位一体购买方案。

8. 体形、外貌的选择

如何从体形外貌选择肉牛，一般从牛的前面、侧面、后面三个方面进行选择，理想型肉牛从前后侧看的要求如下：

前望：头大方形，嘴宽大，颈短而厚，胸宽深，前肢站立端正。

侧望：体形大，周身短，广躯矮身，背腰平直，宽肩顶部丰满且厚。腹部紧凑不下垂，皮肤柔有弹性。

后望：背宽平直，腰部平宽，尻部富足，后腿深而丰满，蹄大无病。

二、架子牛的采购与运输

1. 采购

依据市场行情，根据自备资金，现有场地、饲料贮备情况制订采购方案。依据牛肉市场的走势及对肉牛档次的需求制订年龄、体重、品种、毛色、外貌等采购架子牛标准。

（1）年龄、体重、价格三位一体商谈价格。

（2）编号，对所采购的架子牛用油漆或塑料耳标编号。

（3）开具非疫区证明、检疫证、牲畜所有权证明。

（4）装运。

2. 运输

（1）装车前的准备。长途运输需准备饲草、饮水具、绳子、木杆、长把铁锹等工具。汽运时车厢底必须垫草，或垫土、垫沙子。

（2）影响运输掉重的主要因素。①运输前喂得越多，饮水越多，运输掉重越大；②掉重同运输时间、距离成正比；③在温度适宜时，运输掉重小，炎热比寒冷条件下运输掉重大，且容易造成牲畜死亡；④青年牛掉重的绝对量低于大龄牛，相对量则高于大龄牛；⑤超载或不正常装载（大小强弱混载）运输掉重大于正常装载。

（3）减少运输应激，降低运输掉重。

①口服或注射维生素A，起运前2~3天每头牛开始每天口服或注射VA25~100IU；②注射氯丙嗪，起运前肌内注射2.5%的氯丙嗪药剂，每100千克活重注射1.7毫升；③装运过程中切忌粗暴行为，善待牛只。

三、新进架子牛的饲养管理

架子牛经过长距离，长时间的运输，应激反应大，胃肠食物少，体内严重失水。因此，到达目的地后的第一项工作是给架子牛饮水，补粗料。

1. 饮水方法

架子牛下车后，第一次饮水量控制在15~20千克/头，另外每头补加人工盐100克，每头牛都应喝到，在第一次饮水时，水中应掺些麸皮或碎秸秆使牛饮水变慢，切忌暴饮。在第一次饮水后3~4小时进行第二次饮水，此次为自由饮水。

2. 饲喂优质粗料

架子牛饮水充足后，即可饲喂优质粗饲料，第一次饲喂每头牛4~5千克，控制喂量，2~3天后逐渐增加饲喂量，一周后自由充分采食。

3. 分群

根据架子牛大小强弱分群饲养，分群后管理人员不定时观察，如有顶架现象及时处理。

4. 饲喂精饲料

架子牛到场后的第三天饲喂少量的精饲料，第五天以后可喂到活重的0.5%~0.8%，经过二周的过渡饲养后便可进入育肥阶段的饲养。

5. 防疫

驱虫、药浴、体检、注射疫苗（根据当地的疫情选择疫苗）。

根据市场行情、当地自然资源、架子牛状况制订出栏目标和时间，确定饲养技术方案。

四、架子牛直线精料育肥模式

适合于生产高档牛肉的专业育肥牛场和有稳定销路的规模肉牛场。该模式以精料为主体，占用土地和劳动力较少，饲养规模较大，可以批量满足市场不同档

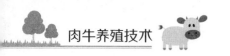

次的需求。它的优时一是可以利用肉牛生长发育最旺盛期，提高饲料的投入量，以达到最大程度发挥肉牛的生长优势，缩短肉牛的饲养期，减少肉牛维持需要的消耗；二是便于改善肉的品质生产高档牛肉。此模式的缺时主要是生产费用高，饲料转化效率相对低，肉牛易发生生理疾病。

1. 经营目标和技术体系

架子牛育肥时体重应达 350~400 千克，育肥期 4 个月左右，育肥结束时牛的体重达 530~580 千克，屠宰率 53% 以上，平均日增重 1.3~1.5 千克。若专业生产高档肥牛，育肥期延期 2~3 个月。出栏体重 600~650 千克，整个育肥期平均日增重 1.2 千克以上，屠宰率 61%~64%。

2. 营养水平及推荐配方

育肥时间的长短受日粮营养水平、饲养条件等因素制约。肉牛在育肥前期以增长肌肉为主，饲料利用率和日增重相对较高，随着育肥时间的推移，脂肪的相对增长速度升高，肌肉相对增长速度下降，日增重下降，饲料报酬降低。日粮也随着牛的肌肉丰满度逐渐变成高能量型。粗料和精料在日粮中的比例（以干物质计算）育肥期精料 60%~65%，粗料 40%~35%；强度育肥期精料 75%~80%，粗料 25%~20%。但粗料在日粮中的比例不应少于 15%（表 5-9）。在育肥牛实践中投给单一精饲料，不仅增重低而且会降低牛肉品质和饲料适口性。所以精饲料的品种选择上应因地制宜、因价制宜，尽量做到多品种混合，首选品种是玉米，其次是棉籽饼类、葵花饼类、花生饼类、豆饼类、大麦、麸皮等。当使用精料品种确定后，按照架子牛当时体重、出栏预计体重、预计出栏时间、牛肉档次等指标，编制日粮配方，确定每日精料标准。例如给平均 400 千克的架子牛确定精料给量时，应查询肉牛营养需要表，假如预期日增重定为 1 千克，则每日进食干物质应不少于 9.4 千克，如按精粗比 65：35 计算，精料给量应为 6.11 千克，然后按照精料的含水量计算精料实际给量（公式为 6.11+6.11* 精料含水量 %）。在实践中，笔者发现精料中的玉米多用玉米面，人们误认为精料磨的越细，牛粪中所看到的越少，消化率越高，实际恰恰相反，国外研究报道，玉米粒压扁，使外面的蜡质层破损后喂牛消化率高，最好使用蒸汽压片玉米，吸收率达 95% 以上。

表 5-9　精料推荐配方

名称	育肥期精料推荐配方	强度育肥期精料推荐配方
玉米	60%~65%	75%~80%
大麦	2%~5%	2%~5%
麸皮	10%~14%	4%~7%

名称	育肥期精料推荐配方	强度育肥期精料推荐配方
饼类	14%~22%	6%~7%
小苏打	1.5%	2%
食盐	1.5%	1%~2%
佳农预混料	4%	4%

在精料型日粮育肥中，粗饲料主要作用是刺激胃的蠕动，促进反刍、防止瘤胃酸中毒，降低牛胃的发病率。粗饲料品种的选择因当地资源而定，一般选择顺序为干草，青贮、微贮、玉米秸、稻草、麦秸。饲喂量育肥期占日粮干物质35%~40%，强度肥育期占日粮干物质20%~25%。要求尽量多样化以提高适口性。

农户或小型育肥牛场建议用肉牛浓缩饲料+玉米粉（玉米稍微粉碎）搅拌成精料补充饲料饲喂。建议饲喂方式（以肉牛40%浓缩饲料为例）：用20千克饲料和30千克玉米粉搅拌成精料补充料，初期按照牛体重的1%饲喂精料补充料，粗饲料吃饱，日喂二次。每过一个月通过7~10天过渡，增加一次精料补充料，每次每头牛增加0.25千克佳农浓缩饲料，0.5千克玉米粉。当浓缩饲料日喂量达1.75~2千克，玉米粉3.5千克左右时，育肥牛体重应达500千克左右。在以后的饲养中，每个月浓缩饲料不再增加，玉米粉每个月通过7~10天过渡再增加0.75千克。在精饲料增加过渡时认真观察牛的食欲和粪便情况，如果饲槽中出现剩料，或粪便出现严重过料和轻微拉稀，都不要再增加精饲料喂量，可以通过延长精饲料过渡时间进行缓解。在饲养实践中，如果育肥牛的食欲好，粪便没有严重过料，下个月可以增加玉米粉0.8千克、0.9千克或1千克，育肥后期按照牛体重的1.2%~1.4%的比例喂精饲料。

五、前中后高吊架子育肥模式

1. 经营目标

肉牛在育肥之前，限制精料给量多喂粗料，俗称吊架子。开始月龄为出生4月龄以后，开始体重100千克以上，吊架子时间不超过150天，吊架子期间日增重不低于400克。育肥出栏体重550~600千克，平均日增重0.8~0.9千克。

2. 补偿生长原理

在牛生长发育过程中的某一阶段，因饲料营养不足，饲养管理条件差，环境应激等因素造成牛生长发育受阻致使牛的生长停滞，当牛的营养水平和环境条件适合或满足了牛的生长发育条件时，则牛的生长速度在一段时间里得到超常发展

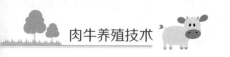

以弥补生长发育受阻阶段的损失，追上或超过正常生长水平，这种特性称之为补偿生长。

牛补偿生长是有条件的，一般条件下，能够得到正常补偿生长要求发育受阻期间日增重不低于 400 克，受阻时间不超过 150 天。若牛在胚胎时期和出生 3 月龄以内发育受阻，则补偿生长效果很差，往往造成僵牛。

3. 饲养设计及推荐饲料配方

（1）第一阶段：吊架子。如果近期肉牛市场低迷，预测远期肉牛市场价格上扬，或在秋后粗饲料资源丰富廉价等有利时机购进小牛，利用补偿生长的原理进行吊架子，吊架子期间粗饲料吃饱，为保证能够得到 400 克左右的日增重，每头牛视情况可每天添加玉米 0.5~1 千克，尿素 50~80 克。佳农 4% 预混料 30 克，保证饮水。在有条件的地方也可进行半舍饲半放牧饲养降低成本。

（2）第二阶段：补偿生长期。在不超过 5 个月的低营养饲养期间，根据市场价格走势随时可以进行补偿生长，补偿生长期间西门塔尔改良牛日增重可达 1.5~2 千克，地方良种黄牛也可达 1.5 千克左右，此间的营养水平比 NRC 肉牛标准同体重预期日增重营养标准高 20%~25%。精料给量通过 10~20 天过渡逐渐达到体重 1.2%~1.7%。粗料根据当地资源品种尽量多样化，干草、青贮、微贮、玉米秸、稻草、酒糟类、麦秸多品种混合饲喂，精粗比逐渐达（60~65）：（40~35），精料的推荐配方如下：玉米 60%~65%、饼类 19%~24%、麸皮 10%、佳农肉牛预混料 4%、小苏打 1%、食盐 1%，另外每天每头加尿素类化学品（NPN）50~100 克。如果不加 NPN 类化合物配方如下：玉米 60%~65%、饼类 21%~26%、麸皮 8%、佳农预混料 4%、小苏打 1%、食盐 1%。或者肉牛浓缩饲料 40%+ 玉米粉 60% 混合成精料补充饲料，按牛体重 1.2%~1.7%。

注意：补偿生长阶段绝不能低营养过渡，如果此阶段得不到充足的营养，体重达不到理想标准，会降低日增重，影响补偿生长效果。喂尿素后 2 小时不能饮水，防止尿素中毒。

（3）第三阶段：肉质改善期。通过补偿生长阶段，肉牛体重都达 600~650 千克，如遇市场行情好即可出栏。如生产高档优质牛肉应进行肉质改善期饲养，此阶段主要目的是使肌肉镶嵌脂肪，增加肉的嫩度和出现大理石花纹，此阶段是否进行主要根据市场所需和市场行情而定。

六、糟渣类饲料育肥模式

糟渣类饲料具有含水量大，适口性好、价格相对低廉的特时，糟渣体积大，不易贮存，其营养成分主要取决于原辅料的组成成分。是肉牛饲养业粗饲料一大来源，如果搭配合理，可以大大降低肉牛的饲料成本。

1. 糟渣类饲料注意事项

（1）不宜把糟渣类饲料作为日粮的唯一粗料，应和干草、玉米秸、青贮等混合饲喂。

（2）糟渣类饲料和其他粗料要搅拌均匀后饲喂。

（3）发霉变质的糟渣类饲料不能喂牛。

（4）糟渣类饲料最好现用现买，如果需要贮存则用窖贮。

2. 糟渣类饲料在日粮中的比例及推荐日粮配方

糟渣类饲料体积大，含水量高，一般占日粮比例不超过 60%。有试验数据表明玉米酒糟占日粮 30%~45% 增重效果及经济效益最佳。其他糟渣类饲料占日粮 5%~25% 为宜（表 5-10、表 5-11）。由于糟渣类饲料干物质含量少，所以在强度育肥期很少应用。

表 5-10　漕渣类为主的日粮推荐配方

原料名称	育肥前期（%）	育肥期（%）
玉米	25	50
麸皮		4
饼类		6
佳农预混料	4	4
食盐	1	1
玉米酒糟	35	25
玉米秸	10	5
豆腐渣	5	
酱渣	10	
稻草或玉米秸秆	10	5

表 5-11　啤酒糟为主的日粮推荐配方

名称	前期（%）	中期（%）	后期（%）
玉米	30	40	60
麸皮	5	4	5
棉粕	10	8	6

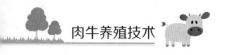

（续表）

名称	前期（%）	中期（%）	后期（%）
佳农预混料	4	4	4
啤酒糟类	36	26	16
其他粗料	14	17	10
食盐	1	1	1

3. 糟渣类饲料窖贮法

（1）窖的大小、形状随贮存量而异，但不论哪种贮法以不漏水、不漏气为原则。

（2）贮存时原料含水量超过80%时，在贮存时应掺入干粗料、干鸡粪或麸皮等，使含水量降到70%以下。

（3）压实。

（4）封严勿漏气。

（5）贮存时加入海星牌"微贮王"发酵活干菌效果会更好。

4. 饲喂糟渣类饲料的限制性因素

（1）当地能够买到该类饲料，且运输成本不是很高。

（2）在东北和内蒙古东部有喂"糟牛"的传统，很多人认为育肥牛喂酒糟最好，有"无酒糟不养育肥牛"的错误认识。致使酒糟的价格上扬，副料增加，酒糟的质量下降。以前在通辽养牛户发现很多户都有一个烧酒作坊，当酒好销时，可以自己制作酒糟喂牛，经济效益可观，一旦酒销路不畅大量积压时，又纷纷下马。笔者在通辽作过试验，用玉米秸微贮饲料为主做粗饲料育肥牛（玉米秸微贮的价格0.025元/千克）为试验组，以酒糟为主育肥牛为对照组（酒糟市场价0.06元/千克）单位重量微贮饲料同酒糟差价0.035元/千克，在育肥过程中差价款用于购买玉米和饼类饲料加入试验组中，在同等饲料价款的条件下，达到相同出栏体重，喂"玉米秸微贮饲料+玉米面+饼类饲料"比专一喂酒糟组提前出栏20天，经济效益明显。

第四节　高档牛肉生产技术模式

高档牛肉在我国起步较晚，现在还没有国家标准。在起步较早生产高档牛肉的企业有自定的企业标准。国际上通行有美国、日本、欧共体分级标准，下面介绍美国牛肉分级标准。

一、美国牛肉分级标准

决定牛胴体质量的因素有五个，即成熟度、大理石状、颜色、质地和坚挺度。

1. 成熟度

也称生理学年龄。牛体内各组织都随着个体年龄的增加而老化。牛肉的嫩度不能用理化方法立即在胴体上测试出来，所以一般是借助于脊椎骨上软骨的骨化程度判断其成熟程度。成熟度分为五等：A、B、C、D、E。9~30月龄为 A 级，30~42 月龄为 B 级，42~54 月龄为 C 级，54~72 月龄为 D 级，72月龄以上为 E 级。

2. 大理石状

牛肉大理石花纹是以 12~13 肋骨处横切的眼肌面积中脂肪沉积程度来确定的。大理石状可分成四等。

3. 颜色

上等肉颜色呈鲜红色或接近鲜红色，俗称樱桃红色，肉的光泽良好。老龄牛屠宰后肉色呈暗红色，评等时应降级处理。

4. 质地

牛肉质地用细腻和滑溜来表达，上等牛肉纹理细腻，致密性好，牛肉切开后断面平滑细腻，纹理清晰，老牛肉达不到精肉质地。

5. 肌肉坚挺度

上等肉要求硬挺度适中，软瘦肉和水样肉都不能评定等级。

一般后三个因素很大程度受牛年龄因素决定，当后三个因素正常时，牛胴体的质量等级由前二个因素经感观分等后评出。

二、我国高档牛肉的企业评估标准

1. 活牛评估

牛龄 36 月龄以内，宰前活重 600 千克以上，膘情满膘（即看不到骨头突出点），尾根处平坦无沟，背平宽，手触摸肩部、胸部、背腰部、上腹部、臀部有软绵绵感觉，说明有较厚脂肪层。

2. 胴体评估

胴体体表脂肪覆盖率 80% 以上，覆盖的脂肪颜色洁白。胴体外形无严重缺损，第 12~13 肋骨处脂肪厚 10~20 毫米，脂肪坚挺。

3. 牛肉品质评估

（1）嫩度。用肌肉剪切仪测定的剪切值小于或等于 3.62 千克的出现次数在

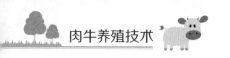

65%以上；煮熟后咀嚼容易，不留残渣，不塞牙；完全解冻的肉块用手指触摸时，手指易进入肉块深部。

（2）大理石花纹达一级或二级。

（3）牛肉质地松软、多汁而味浓，具有我国牛肉鲜美可口的风味。

4.烹调评估

符合西餐烹调要求，用户满意。

三、影响牛肉品质的因素

1.品种

在我国地方品种中秦川牛、南阳牛、鲁西牛和科尔沁牛品质最佳，引进品种的杂交牛以安格斯、利木赞、西门塔尔牛的杂交后代肉品质好。

2.年龄

生产高档牛肉年龄要求不超过36月龄，以30月龄左右屠宰为好。

3.育肥时间、出栏体重、肥育度

一般要求在育肥场育肥时间7~8个月，出栏体重600千克以上，完全满膘。

4.饲料因素

国外研究报道，饲料可以影响牛肉的品质和脂肪的颜色。长期大量用黄玉米喂牛时，牛脂肪颜色偏黄，在育肥期饲喂一定比例的大麦能够提高牛肉的坚挺度。

四、适合国情的生产高档牛肉工艺流程及技术要点

1.架子牛选购

要求品种是秦川、鲁西、南阳、科尔沁牛等地方良种牛或从国外引进的利木赞、安格斯、西门塔尔牛的杂交改良牛。年龄在12~20月龄，活重250~300千克，最好是阉牛。

2.育肥

购到的架子牛经过7~15天的过渡饲养后进行肥育，肥育时间120~150天，最好采取10~15头规模的、围栏散养育肥，自由饮水。

3.强度育肥

通过一般肥育后，架子牛体重已达到500千克以上，需进行强度育肥，沉积脂肪。由于肉牛内脂肪沉积的顺序规律是心脏—肾脏—盆腔—皮下—肌肉纤维间。所以此期能量饲料占的比例应大，后期玉米应占日粮80%左右，为了改善肉质，牛日粮中应添加大麦。为了大理石花纹达级出栏体重应达650千克左右。

4.高档牛肉生产及加工流程

高档牛肉生产及加工流程详见图 5-10。

架子牛选购 ——→ 过渡饲养 ——→ 育肥 ——→ 强度育肥 ——→

屠宰 ——→ 高档牛肉 ——→ 排酸、分割、包装 ——→ 质量检测 ——→ 其他产品

图 5-10 屠宰、排酸、分割、包装、上市工艺流程

五、生产高档牛肉的限制性因素

生产高档牛肉主要有以下限制因素。

（1）一次性投资高，要求屠宰设备先进。国内可以进行高档牛肉屠宰的厂家不是很多。

（2）资金周转慢，因高档牛肉生产需要饲养时间长，资金占用期长，周转慢。

（3）高档牛肉中高价肉比例小，产品质量要求苛刻，产品风险较大。

（4）脂肪产量高。为了使肉块达到用户的要求，牛体没有足够数量的脂肪沉积是不行的。由于脂肪沉积量大，造成饲料投入量增加，饲料报酬降低。脂肪的售价低，减少了销售收入。

（5）市场前景广阔，国内兴起的肥牛火锅方兴未艾，肥牛市场需求量越来越大。

第六章
常用药物的使用

一、常用抗生素

1. 青霉素 G

对链球菌、肺炎球菌、脑膜炎球菌、钩端螺旋体、白喉杆菌、破伤风梭菌、炭疽杆菌和放线菌高度敏感。用量：0.5~1 万单位 / 千克体重、2~3 次 / 天。牛乳房灌注，挤奶后每个乳房 10 万单位，1~2 次。不宜口服，适宜肌内注射，若静脉注射时只用钠盐。

2. 氨苄青霉素

用于牛严重感染肺炎、肠炎、败血症、泌尿道感染、犊牛白痢。片剂 0.25 毫克 / 片，每次内服量：12 毫克 / 天，2~3 次 / 天；肌内注射或静脉注射量：4~15 毫克 / 千克体重，2~4 次 / 天。

3. 土霉素

对多种病原微生物和原虫都有效，用于治疗牛副伤寒、牛出血性败血症、牛布氏杆菌病、牛炭疽、牛子宫内膜炎等，对放线菌病、钩端螺旋体病、气肿疽病有一定疗效。内服用量：10~20 毫克 / 千克体重，分 2~3 次；肌内注射或静脉注射量：2.5~5 毫克 / 千克体重。

4. 头孢菌素类

头孢菌素除用于青霉素的适应症外，也适用于耐药金色葡萄球菌、革兰氏阴性菌所致的严重呼吸道、泌尿道和乳腺的炎症。有时还用于绿脓杆菌的感染及敏感菌所致的中枢神经系统感染如脑炎等。肌内注射用量：25 毫克 / 千克体重，3 次 / 天。

5. 红霉素

用于治疗耐青霉素的葡萄球菌感染、溶血性链球菌引起的肺炎、子宫内膜炎、败血症。内服用量：2.2 毫克 / 千克体重，每天 3~4 次；深层肌内注射或静脉注射，2~4 毫克 / 千克体重。

6. 两性霉素 B

用于治疗胃肠道细菌感染，内服不易吸收；静脉注射治疗全身性真菌感染。

本品不宜肌内注射，配合阿司匹林、抗组胺药可减少不良反应。静注每次用量：0.125~0.5毫克/千克体重，隔日1次，或每周2次，总量不能超过8毫克/千克体重。

7. 卡那霉素

主要应用于革兰氏阴性菌如大肠杆菌、沙门氏菌、布氏杆菌引起的败血症、呼吸道、泌尿系统及乳腺炎。内服用量：3~6毫克/千克体重，3次/天；肌内注射，10~15毫克/千克体重，2次/天。

8. 泰乐菌素

主要应用于胸膜肺炎、肠炎、子宫炎等。肌内注射，1.5~2毫克/千克体重，2次/天。

二、化学合成抗菌药

1. 磺胺间甲氧嘧啶

对各种全身或局部感染疗效良好，对弓形体病效果更好。内服首次量：0.2克/千克体重，维持量每次用0.1克/千克体重。

2. 磺胺二甲氧嘧啶

主要用于呼吸道、泌尿道、消化道及局部感染，对球虫病、弓形体病疗效较高。内服用量：0.1克/千克体重，1次/天。

3. 磺胺对甲氧嘧啶

主要用于泌尿道、皮肤及软组织感染。内服首次量：0.2克/千克体重，维持量减半；肌内注射用量：每次0.1~0.2毫克/千克体重，2次/天。

4. 磺胺嘧啶

治疗脑部细菌感染的首选药物。常用于霍乱、伤寒、出血性败血症、弓形体病的治疗。内服首次量：0.14~0.2克/千克体重，维持量：0.07~0.1克/千克体重，每天2次。

5. 磺胺脒

适用于肺炎、腹泻等肠道细菌感染疾病，内服用量：0.1~0.3克/千克体重，分2~3次服用。

6. 磺胺醋酰

主要用于眼部感染如结膜炎、角膜化脓性溃疡，常用10%溶液或30%软膏。

7. 诺氟沙星

用于敏感菌引起的泌尿道、呼吸道、消化道等感染及支原体疾病。内服用量：10毫克/千克体重，2次/天；肌内注射用量：5毫克/千克体重，2次/天。

8. 环丙沙星

对革兰氏阳性菌和阴性菌都有较强的作用；对绿脓杆菌、厌氧菌有较强的抗菌活性，用于敏感菌引起的全身感染及霉形体感染。内服用量：2.5~5 毫克 / 千克体重，2 次 / 天；肌内注射用量：2.5~5 毫克 / 千克体重；静脉注射每次用量 2.5 毫克 / 千克体重，2 次 / 天。

9. 恩诺沙星

主要用于犊牛大肠杆菌、沙门氏菌、霉形体病感染。内服一次量，2.5 毫克 / 千克体重，2 次 / 天，连用 3~5 天。

三、驱虫药

1. 左旋咪唑

主要用于驱除蛔虫、线虫；还可用于治疗奶牛乳房炎。无蓄积作用，超量会中毒，可用阿托品解救。内服用量：7.5 毫克 / 千克体重；肌肉或皮下注射，7.5 毫克 / 千克体重。

2. 阿维菌素

对多种线虫如血茅线虫、毛团属线虫、哥伦比亚结节虫及 4 期蚴、副丝虫等都有良好的驱除作用；对螨、虱、蝇等也有较好效果；对吸虫和绦虫无效：内服用量：0.2 毫克 / 千克体重，皮下注射用量：每次 0.2 毫克 / 千克体重。

3. 硝氯酚

对肝片吸虫成虫有良效，对童虫仅部分有效，内服用量：3~7 毫克 / 千克体重。

4. 吡喹酮

抗血吸虫用药，对日本血吸虫的成虫和童虫均有较好疗效。内服用量：25~30 毫克 / 千克体重。

5. 氯硝柳胺

主要驱除肠内绦虫，如莫尼茨绦虫。临床上给药前空腹 1 夜。对前后盘吸虫、双门吸虫及其幼虫也有驱杀作用，也可用于灭钉螺。内服用量：60~70 毫克 / 千克体重。

6. 氯苯胍

对多种球虫及弓形体有效，内服量：40 毫克 / 千克体重，1 次 / 4 天，4 天为 1 疗程，隔 5~6 天，再用 1 疗程。

7. 盐酸氨丙啉

主要对柔嫩和毒害艾美尔球虫有高效抗杀作用；内服或混饲给药 25~66 毫克 / 千克体重，1~2 次 / 天。

8. 盐霉素

抗革兰氏阳性菌和梭菌，对厌氧菌高效。用于球虫病防治，盐霉素饲料拌药用量；犊牛：20~50毫克/千克饲料。

9. 贝尼尔

治疗焦虫、锥虫都有作用，特别适合对其他药物耐药的虫株。肌内注射用量：3.5毫克/千克体重。

四、消化系统用药

1. 龙胆及制剂

用于食欲减少、消化个良等症。龙胆末口服用量：20~50克；龙胆町，内服用量：5~10毫升。

2. 大黄及制剂

大黄小剂量时健胃；中剂量时收敛止泻；大剂量时泻下。主要用于健胃；大黄末，内服健胃用量：20~40克；复方大黄酊，内服用量：30~100毫升。

3. 陈皮酊

用于食欲不振、消化不良、积食膨气、咳嗽多痰等症。内服用量：30~100毫升。

4. 人工盐

小剂可量健胃、中和胃酸，用于消化不良，胃肠弛缓；大剂量缓泻，用于便秘。健胃内服用量：50~150克；缓泻用量：200~400克。

5. 鱼石脂

用于瘤胃膨胀、急性胃扩张、前胃弛缓、胃肠臌气、消化不良和腹泻；配合泻药治疗便秘；外用治疗各种慢性炎症。内服用量：10~30克/次。

6. 胃复安

用于治疗牛前胃弛缓、胃肠活动减弱、消化不良、肠膨胀及止吐。内服用量：犊牛0.1~0.3毫克/千克体重，牛0.1毫克/千克体重，2~3次/天；肌内或静脉注射用量同片剂。

7. 芒硝

小剂量内服有健胃作用，大剂量可使肠内渗透压提高，保持大量水分，增加肠内容积，稀释肠内容物软化粪便，促进排粪。临床常用于治疗大肠便秘（用6%~8%溶液）、排除肠内毒物或辅助驱虫药排出虫体、治疗牛第三胃阻塞（用25%~30%溶液）、冲洗化脓创和瘘管，促进淋巴外渗，排除细菌和毒素，清洁创面，促进愈合。内服用量健胃15~50克；泻下400~800克。

8. 液体石蜡

适用于小肠便秘，作用缓和安全性大，孕牛可用，不宜反复多次使用。内服

用量：500~1000毫升/次。

9. 食用植物油

适用于瘤胃积食、小肠便秘、大肠阻塞。内服用量：500~1 000 毫升/次。

10. 鞣酸蛋白

用于急性肠炎和非细菌性腹泻。内服用量：10~20 克。

五、呼吸系统用药

1. 氯化铵

主要用于呼吸道炎症初期、痰液黏稠而不易排出的病牛，也可用于纠正碱中毒。禁止与磺胺药物合用，不可与碱及重金属盐配合使用。内服用量：10~25 克/次。

2. 复方甘草合剂

主要作为祛痰、镇咳药，具有镇咳、祛痰、解毒、抗炎、平喘的作用，用于一般性咳嗽。内服用量：50~100 毫升/次。

3. 氨茶碱

用于痉挛性支气管炎，急慢性支气管哮喘，心衰气喘；可辅助治疗心性水肿；用于利尿，宜深部肌肉或静脉注射，不宜与维生素、盐酸四环素等酸性药物配伍使用。肌肉或静脉注射用量：1~2 克/次。

六、血液循环系统用药

1. 洋地黄

临床上主要用于充血性心力衰竭、阵发性房性心动过速、急性心内膜炎、心肌炎、牛创伤性心包炎，主动脉瓣闭锁不全病牛禁用。本药安全范围窄，易于中毒。洋地黄粉，内服用量：2~8 克/千克体重；静脉注射全效量：0.03~0.04毫克/千克体重。

2. 地高辛

常用于治疗各种原因所导致的慢性心功能不全、心房颤动等。静脉注射全效量：0.01 毫克/千克体重。

七、生殖系统用药

1. 己烯雌酚

用于子宫发育不全、子宫内膜炎、子宫蓄脓、胎衣不下及死胎。静脉、肌肉或皮下注射用量：75~100 单位。

2. 雌二醇

用于胎盘滞留、子宫蓄脓、胎衣不下等，配合催产素用于子宫肌无力。肌内注射用量 5~20 毫克。

3. 黄体酮

用于习惯性流产、先兆性流产。肌内注射用量：50~100 毫克。

4. 促卵泡素

促进卵泡的生长和发育，在小剂量黄体生成素的协同作用下，可促使卵泡分泌雌激素，引起母牛发情。静脉、肌肉或皮下注射用量：10~50 毫克。

5. 黄体生成素

主要用于促进排卵，治疗卵巢囊肿、早期胚胎死亡或早期习惯性流产等。静脉或皮下注射用量：25 毫克。

八、解热镇痛抗炎药

1. 扑热息痛

主要用于解热镇痛。内服用量：10~20 毫克 / 千克体重。

2. 阿司匹林

有较强的解热镇痛、抗炎抗风湿作用，用于发热、风湿症和神经、肌肉疼痛、关节疼痛。内服用量：15~30 毫克 / 千克体重。

3. 消炎痛

用于治疗风湿性关节炎、神经痛、腱鞘炎、肌肉损伤等。内服用量：1 毫克 / 千克体重。

4. 安乃近

解热镇痛，抗炎抗风湿，解除胃肠道平滑肌痉挛。皮下或肌内注射 3~10 克 / 次。

九、解毒药

1. 阿托品

对有机磷和拟胆碱药中毒有解毒作用。用于缓解胃肠平滑肌的痉挛性疼痛，解救有机磷和拟胆碱药中毒；亦可于麻醉前给药，减少呼吸道腺体分泌，还可用于缓慢型心律失常。皮下或肌内注射用量：15~30 毫克。抢救休克和有机磷农药中毒，用量酌情加大。

2. 碘解磷定

有机磷中毒的解毒药，用于有机磷杀虫剂中毒的解救，静脉注射用量：15~30 毫克 / 千克体重。

3. 双解磷

作用与碘解磷定相似，肌内注射或静脉注射用量：3~6 克 / 千克体重。

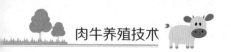

4. 解氟灵

有机氟杀虫药和毒鼠药氟乙酰胺、氟乙酸钠的解毒药,肌内注射用量: 0.1~0.3毫克 / 千克体重。

5. 亚甲蓝

小剂量可用于亚硝酸盐中毒的解救,大剂量可用于氰化物中毒的解救。静脉用量: 亚硝酸盐中毒牛,1~2毫克 / 千克体重; 氰化物中毒牛25~10毫克 / 千克体重。

6. 亚硝酸钠

用于氰化物中毒的解救。静脉用量: 2 克 / 次。

7. 二巯基丁二酸钠

主要用于锑、汞、铅、砷等中毒的解救。静脉注射用量: 20毫克 / 千克体重,临用前用生理盐水稀释成 5%~10%溶液,急性中毒,4 次 / 天,连用 4 天; 对于慢性中毒,1 次 / 天,5~7 天为一个疗程。

第七章
牛常见疾病防治

第一节 犊牛疾病

一、犊牛腹泻

1.病因

犊牛腹泻分为营养性（如牛奶饲喂过量、牛奶突然改变成分、低质代乳品、奶温过低等引起）和传染性（诸如细菌、病毒、寄生虫等引起）腹泻两种。

大肠杆菌是引起1周龄内的犊牛腹泻的主要细菌，产气荚膜梭状菌是犊牛患肠毒血症的病原菌。轮状病毒、冠状病毒、星形病毒、盏形病毒、微病毒等都可引起犊牛腹泻。

2.症状

出生后3周龄以内的新生犊牛多发生，特征是拉稀便、软便或水样便，呕吐、脱水和体重减轻。发病初期体温达39.2~40℃，随病情恶化，体温升高至40.1~40.5℃，脉搏115次/分钟以上，病牛精神沉郁，食欲减退或废绝，渴欲增进或废绝，反刍停止。眼结膜先潮红后黄染，舌苔重、口干臭，四肢、鼻端末梢多冷凉，脉搏增数，呼吸加快。瘤胃蠕动或弱或消失，有轻度膨胀。肠音初期增强，以后减弱。腹部触诊较敏感。腹泻粪便稀薄、腥臭的水样棕色稀便，混有黏液、血液及黏膜组织。后期肠音减弱，肛门松弛，排便失禁。

3.防治

保证妊娠母牛得到充足的全价日粮，特别是妊娠后期，应增喂富含蛋白、脂肪、矿物质及维生素的优质饲料。犊牛的饲养，新生犊牛在出生30分钟内一定要吃到初乳，因初乳中含有多种抗体，能增强犊牛的免疫能力。同时饲喂犊牛要做到"三定"，即"定时、定量、定温"，防止消化道疾病的发生。犊牛在30~40日龄，哺喂量可按初生体重的1/15~1/10计算，1个月后可逐渐使全乳的喂量减少一半，用等量的脱脂乳代替。2月龄后停止饲喂全乳，每日供给一次脱脂乳，同时补充维生素A、维生素D及其他脂溶性维生素。饲喂发酵初乳能有效预防犊牛腹泻。初乳发酵和保存的最适温度为10~12℃。每天可加入初乳重量1%的丙酸或0.7%的醋酸作为防腐剂。保证饮乳卫生和饮乳质量，严禁饲喂劣质牛乳和发酵、变质、腐败的牛乳。应将初乳和牛奶加热到36~38℃后饲喂。

对本病的治疗，应采取药物疗法、补液疗法。维护心脏血管机能，改善物质代谢，抑菌消炎，防止酸中毒，制止胃肠道的发酵和腐败过程是治疗犊牛腹泻的原则。

（1）应将病犊置于干燥、温暖、清洁的牛舍或牛栏内，并厚铺干燥、清洁的垫草；消除病因，加强饲养管理，注意护理。

（2）为缓解胃肠道的刺激作用，应根据病情减少哺乳次数或令患犊禁乳（绝食）8~10小时，在此期间可喂给葡萄糖生理盐水，每次300毫升。

（3）为恢复胃肠功能，可给予帮助消化的药物：①口服生理盐酸水溶液（氯化钠5克，33%盐酸1毫升，凉开水1000毫升），或温红茶水250毫升。②含糖胃蛋白酶8克，乳酶生8克，葡萄糖粉30克，混合成舔剂，每天分3次内服，临用时加入稀盐酸2毫升。

（4）对于因为营养缺乏而引起的腹泻，可内服营养汤：氯化钠、碳酸氢钠各4.8克，葡萄糖20克，甘氨酸10克，溶于1000毫升水内，灌服。

（5）对肠毒血症之类的疾病，必须给所有的犊牛投喂抗毒素。

（6）对因感染大肠杆菌而腹泻的犊牛，可用以下处方：①新霉素内服每千克体重10~30毫克，肌内注射每千克体重10毫克，每日2~3次；②链霉素每千克体重500IU，每日2次肌内注射，连续3天；③氟苯尼考每千克体重10~30毫克，每天分4次肌内注射。

（7）严重病例应进行抗炎、补液解毒，可选用下列药物：①长效磺胺每千克体重0.1~0.3克，每天一次内服。或磺胺脒，首次量2~5克，维持量1~3克，每日2~3次内服；②强力霉素，每千克体重0.05~0.075克，每天分3次内服。或首次量1克，维持量0.5克，间隔4~6小时灌服1次，作预防用时，按0.02克/千克体重计算，每日2次内服；③氨苄青霉素160万IU，混于5%葡萄糖溶液1000毫升中，静脉注射。

（8）对脱水严重的要大量补充液体，可选用的补液处方有：①饮用生理盐水500~1000毫升；②碳酸氢钠1/4杯，氯化钠半茶匙，氯化钾一茶匙半，硫酸镁半匙，水19升。喂时每2升该溶液添加1/4杯的葡萄糖；③氯化钠117克，氯化钾150克，碳酸氢钠168克，磷酸氢二钾135克，混匀，取31克溶解于4000毫升水中，加温至37℃灌服，日剂量为体重的10%，分2~3次给药。

二、犊牛肺炎（支气管炎）

1. 症状

根据临床症状犊牛肺炎可分为支气管肺炎和异物性肺炎两种。

支气管肺炎：精神沉郁，食欲减退或废绝，体温升高 40~41 ℃，脉搏 80~100 次 / 分钟，呼吸浅而快，咳嗽，站立不动，头颈伸直。听诊，可听到肺泡音粗哑，症状加重后气管内渗出物增加则出现啰音，并排出脓样鼻汁。症状进一步加重后，患侧肺叶部分变硬，以致空气不能进出，肺泡音消失，病畜呈腹式呼吸，眼结膜发绀，呼吸困难。

异物性（吸入性）肺炎：因误咽而将异物吸入气管和肺部后，不久就出现精神沉郁、呼吸急速、咳嗽。听诊肺部可听到泡沫性的啰音。当大量误咽时，在很短时间内就发生呼吸困难，流出泡沫样鼻汁，窒息而亡。如吸入腐蚀性药物或饲料中的腐败化脓菌侵入肺部，可继发化脓性肺炎，病畜出现高烧、呼吸困难、咳嗽，排出多量的脓样鼻汁。听诊可听到湿性啰音，在呼吸时可嗅到强烈的恶臭气味。

2. 防治

在发生感冒等呼吸器官疾病时，应尽快隔离病畜。青霉素和链霉素联合应用效果较好，青霉素按每千克体重 1.3 万 ~1.4 万单位，链霉素 3 万 ~3.5 万单位，加适量注射水，每日肌内注射 2~3 次，连用 5~7 天。病重者可静脉注磺胺二甲基嘧啶、维生素 C、维生素 B_1（按千克体重计算），每天两次肌内注射或静脉注射。配合应用磺胺类药物，可有较好效果。同时，还可用一种抗组织胺剂和祛痰剂作为补充治疗。另外，应配合强心、补液等对症疗法。对重症病例，可用喷雾器将抗生素或消炎剂以超微粒子状态与氧气一同让牛吸入，可取得显著的治疗效果。

三、犊牛脐带炎

脐带炎是犊牛出生后，由于脐带断端遭受细菌感染而引起的化脓性坏疽性炎症，为犊牛多发疾病。正常情况下，犊牛脐带在产后 7~14 天干枯、坏死并脱落，脐孔由结缔组织形成瘢痕和上皮而封闭。由于牛的脐血管与脐孔周围组织联系不紧密，当脐带断后，血管极易回缩而被羊膜包住，然而脐带断端常因消毒不好而导致细菌微生物大量繁殖，使脐带发炎、化脓与坏疽。

1. 病因

（1）助产时脐带不消毒或消毒不严。

（2）犊牛互相吸吮，致使脐带感染细菌而发炎。

（3）畜舍环境不良，如运动场潮湿、泥泞，褥草更换不及时，卫生条件较差，

从而导致脐带受感染。

2. 症状

犊牛发病后初期常不被注意，仅见犊牛消化不良、下痢，随病程的延长，精神沉郁，体温升高至40~41℃，常不愿行走。脐带与组织肿胀，触诊质地坚硬，患畜有疼痛反应。脐带断端湿润，用手挤压可见脓汁，具有恶臭味，也有的因断端封闭而挤不出脓汁，但见脐孔周围形成脓肿。患犊常消化不良，拉稀或膨胀，弓腰，瘦弱，发育受阻。如及时治疗，一般预后良好。值得注意的是，犊牛患脐疝时，脐部也增大，故临床上应予以鉴别。脐疝质地柔软，触摸无痛感，可触摸到网胃或真胃，若将内容物慢慢送回腹腔内，可摸到疝孔。

3. 预防

（1）要做好脐带的处理和消毒工作。剪脐带时应在离腹部约5厘米处剪断，再用10%碘酊将断端浸泡1分钟。

（2）保持良好的卫生环境，运动场应消毒，褥草应及时更换，定期用1%~2%火碱消毒。新生犊牛应单圈饲养，避免犊牛相互吮吸，防止疾病发生。

4. 治疗

病初期可用1%~2%高锰酸钾清洗局部，并用10%碘酊涂擦。患部周围肿胀，可用青霉素60万~80万单位分时注射。若已形成脓肿时，应切开排脓，再用3%过氧化氢冲洗，内撒布碘胺粉。严重时可用外科手术清除坏死组织，并涂以碘仿醚（碘仿1份，乙醚10份），也可用硝酸银、硫酸铜或高锰酸钾粉腐蚀。另外，也可用磺胺、抗生素治疗，一般常用青霉素60~80万单位，一次肌内注射，每天2次，连用3~5次。如有消化不良症状，可内服磺胺脒和苏打粉各6克，酵母片或健胃片5~10片，每天2次，连服3天。

第二节　母牛常见的繁殖疾病

一、持久黄体

持久黄体是指母牛在排卵（未受精）后，黄体超过正常时间而不消失。由于持久黄体持续分泌助孕素，抑制卵泡的发育，致使母牛不发情。

1. 临床症状与诊断方法

母牛发情周期停止，长时间不发情，直肠检查时可触到一侧卵巢增大，比卵巢实质稍硬，如果超过了应当发情的时间而不发情，需间隔5~7天进行2~3次直肠检查。若黄体位置、大小、形状及硬度均无变化，即可确诊为持久黄体。

2. 治疗

（1）用前列腺素（PGF2α）5~10毫克进行肌内注射，每天注射1次，连用2天。

（2）用绒毛膜促性腺激素1500~3500单位和25毫升生理盐水混合后进行肌内注射。

（3）用促卵泡激素100~200单位和5~10毫升生理盐水混合后进行肌内注射，隔2天注射1次，3次为一疗程。

（4）用10~20毫克己烯雌酚进行肌内注射，每天1次，连续注射3次。

（5）用黄体酮100毫克进行肌内注射，1天1次，注射第2次和第3次时，要同时注射50毫克二丙酸己烯雌酚。

二、卵泡囊肿

是由于未排卵的卵胞上皮变性，卵泡壁结缔组织增生，卵细胞死亡，卵泡液不被吸收或增多而形成。

1. 病因

（1）发生卵泡囊肿的主要原因是由于脑垂体前叶分泌促卵泡生长素过多，促黄体生成素不足，卵泡过度增大，不能正常排卵而形成囊肿。由于卵泡大量分泌雌激素，致使母牛在短期间内多次表现发情或延长发情时间。

（2）从饲养管理上分析，发生于奶牛日粮中的精料粗料比例过高，而缺少矿物质和维生素，运动和光照少，母牛产奶量较高，过度肥胖等原因而造成卵泡囊肿。

2. 症状

其特征是无规律频繁发情和持续发情，甚至出现慕雄狂。母牛用脚扒地，大声鸣叫和经常爬跨其他母牛，但拒绝其他牛的爬跨。直肠检查发现卵巢病变，病变可呈单侧性，双侧性，也有左右两侧卵巢交替发病的，卵泡最大直径可占整只卵巢的1/2以上，触摸囊肿卵泡厚薄不均，液体波动感明显。

3. 防治方法

（1）绒毛膜促性腺激素（HCG），剂量为1万~2万U，溶于10毫升生理盐水中，一次肌内注射。

（2）促黄体生成素（LH）一次肌内注射200U，用后观察1周，如不明显可连续用药。

（3）黄体酮100毫克，肌内注射，每天1次，连续5~7天为一疗程，待7天后直肠检查。根据卵巢和卵泡的具体变化情况，再考虑进行第二疗程治疗。

（4）中药治疗：红花45克，当归45克，淫羊藿45克，川芎45克，桃仁45克，

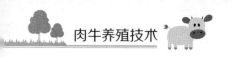
菟丝子 60 克，阳起石 60 克，金锁阳 60 克，破故纸 60 克，益母草 80 克，煎水去渣，红糖 250 克，黄酒 750 毫升，候温调服，每天 1 剂，连服 3 天，效果亦好。

三、卵巢炎

可在给母牛采用直肠按摩卵巢增强血液循环，促进慢性炎症消散，并配合用磺胺类药物或抗菌素类药物给母牛治疗。

四、发情不排卵

在母牛发情初期可采用直肠按摩卵泡，并同时配合给牛肌内注射己烯雌酚或甲酸求偶二酸等雌激素药物，母牛在第一次输精不排卵，可在间隔 10~12 小时给牛重复输精的同时，配合给牛肌内注射黄体酮 50~100 毫克。或取大麦芽 120 克、当归、红花、生地、地骨皮各 60 克，黑豆 500~1000 克，加水熬汤内服，连用三剂。

五、子宫内膜炎

子宫黏膜急性发炎，如不及时治疗，炎症易于扩散，引起子宫肌炎、子宫浆膜炎或子宫周围炎，并常转化为慢性炎症，导致母牛不孕。子宫内膜炎是造成母牛不孕的主要原因之一。

1. 病因

（1）由胎衣滞留引起，胎衣滞留是引起产后子宫感染的主要原因之一。

（2）配种器械和母畜外阴部消毒不严格或不消毒，在直肠检查后不清洗外阴就输精，输精时手捏子宫颈太重，粗暴输精等不合理操作，为病原菌侵入子宫创造了条件。

（3）饲养管理不当，饲养管理粗放，饲料单一，缺乏钙盐及其他矿物质和维生素，致使母牛体质下降，加之牛舍阴冷潮湿和粪尿严重污染，造成子宫内膜炎发生率增高。

（4）由其他疾病引发难产、子宫脱出、流产、阴道炎、子宫复旧不全等都可并发子宫内膜炎。

2. 临床症状

子宫内膜炎根据病情的急缓和临床症状的轻重，可分为急性型、脓毒血症型、慢性型和隐性型四种。

（1）急性型子宫内膜炎。常发于产后 2~3 天，多由产后内源性或外源性感染引起，以卡他型炎症为特时。病牛基本表现全身症状，体温略升高（39.85~40.9℃），食欲明显减退（个别废止），精神不振，常努责作排尿状，由阴门排出炎性黏液，后期排出脓性分泌物，卧地时排出量更多。作直肠检查时，子宫松弛，有波动感，稍用力按压子宫，部分病牛有粘稠状褐色或灰白色分泌物排出。

（2）脓毒血症型子宫内膜炎。通常在产后7～10天内发生，病牛全身症状明显，食欲废绝，胃肠蠕动停滞。阴门可见子宫分泌物，其颜色多数为琥珀色或暗红色，稀薄呈液态，有脓，少有黏液，气味极为恶臭。直肠检查，子宫积液且呈弛缓状态，有明显波动感，轻按子宫恶臭的子宫分泌物很快由阴门排出。

（3）慢性化脓型子宫内膜炎。病牛精神不振，食欲减退，泌乳量下降，经常弓腰努责作排尿状，不时由阴门排出大量红白相间、粘稠的脓性分泌物，并有特殊腥臭味。当病牛卧地时，子宫内分泌物大量流出，阴门周围及尾根均被污染。直肠检查，子宫角增大，宫壁厚薄不均匀，子宫颈开放呈松弛状态。患慢性子宫内膜炎的母牛一般均表现为性周期不规律，发情微弱，不发情或一旦发情就形成持续发情症状。

（4）隐性型子宫内膜炎。多发于产后1个月以后，病牛不表现明显症状，性周期、发情、排卵正常，但是屡配不孕或配种后流产。在发情时和配种直肠检查时，从阴门排出浑浊黏液或带有脓汁时块的透明黏液。当子宫颈口闭锁时，就会形成子宫蓄脓。

3. 防治措施

（1）在人工授精前，对输精针、注射器、输精员手臂、母牛外阴等必须严格消毒，严格遵守人工授精操作规程。输精时做到仔细准确，把握方法得当，动作轻柔，避免造成子宫、子宫颈及阴道等不必要的损伤。

（2）在治疗胎衣不下、子宫脱出、宫颈炎、阴道炎等生殖器官疾病时，要采取速诊速治的治疗原则，尽快治愈，防止诱发本病。

（3）人工和器械助产时，切忌动作粗暴，用力过猛，应本着保全原则，耐心、细致助产。

4. 治疗

（1）用青霉素80万IU，链霉素100万IU，生理盐水10毫升冲洗子宫。用药方法：用直肠把握输精法将药物注入子宫腔，同时轻轻按摩子宫，使药物与子宫充分接触，每日1次，连用4～6次。

（2）用0.9%生理盐水500毫升加温至38～40℃，冲洗子宫，然后用输精器吸取鱼腥草注射液20毫升，采用直肠把握输精方法一次输入子宫腔，每日1次。连用3次。

（3）对急性、脓毒血症、慢性化脓性子宫内膜炎，在采用上述方法冲洗子宫的同时，应用宫糜灵（复方红花丹参溶液）30毫升子宫内灌注，每日1次再

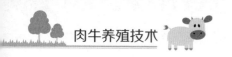
配合深部肌内注射奇林多效粉针，用注射用水稀释，每100毫克体重1瓶，每日1次，直至痊愈为止。

（4）对没有明显症状，但多次配种不受胎的母牛，采用子宫冲洗法。主要方法是：采用0.1%高锰酸钾溶液适量冲洗，然后向子宫腔内注入80万IU的青霉素钾2~3支。

六、胎衣不下

1. 病因

分娩后胎衣在一定时间内排出体外，牛的正常胎衣排出时间为4~6小时（最长12小时）。凡在上述时间内未被排出者均称胎衣不下。主要原因有产后子宫收缩无力、绒毛水肿、胎盘炎、激素分泌失调。

2. 症状

多数于阴门外垂掉部分胎衣，个别停留在子宫或阴道内。患畜食欲减少，体温、呼吸等一般无异常。

3. 治疗

（1）促进子宫收缩。最好在产后12小时内肌内注射催产素50~100IU，2小时后可重复注射1次。此外还可皮下注射麦角新碱1~2毫克，或灌服300毫升羊水。

（2）促进胎儿胎盘与母体胎盘分离。向子宫内注入5%~10%盐水1000~5000毫升，常于灌药后3~5天胎衣脱落。

（3）预防感染。子宫内投入土霉素或氯霉素2~3克，隔日1次，连续2~3次。也可肌内注射抗生素。当出现体温升高，产道创伤或坏死时，可增大药量，改为静脉注射。

（4）全身疗法。①一次静脉注射20%葡萄糖酸钙和25%葡萄糖液各500毫升，每日1次；一次肌内注射氢化可的松125~150毫克，隔天1次，共2~3次。②一次静脉注射10%氯化钠500毫升，25%安钠咖10~12毫升，每日1次。

（5）手术剥离。剥离完毕后，再次用0.1%高锰酸钾液反复冲洗子宫3~4次，每次用量1000毫升左右，冲洗的药液必须导出。最后向子宫内投入土霉素3克即可。

4. 预防

（1）怀孕母牛要饲喂含钙及维生素丰富的饲料。

预产前20~30天，一次肌内注射10毫克亚硒酸钠、5000IU维生素E；在产后2小时，一次静脉注射10%葡萄糖酸钙500毫升或3%氯化钙500毫升；在产前7天肌内注射维生素AD10毫升，每日1次直到分娩为止。

（2）舍饲牛要适当增加运动时间，以加强全身张力，最好在产前一周，每日自由运动 2 小时以上。

（3）在产后 12 小时内，肌内注射催产素 100IU；产后立即饮用羊水 3000 毫升，颈部皮下注射初乳 50 毫升。

（4）加强饲养管理，饲喂繁殖母牛浓缩饲料。

（5）彻底治愈生殖道炎症是防止胎盘黏着的良好方法，母牛生产时阴门附近要洗净并擦干。接产、助产人员的手、臂及器械均应严格消毒。

（6）尽量实行自然分娩，严禁过早强拉。母牛产后可补喂益母草膏，并加入适量红糖、盐，可促进子宫收缩。

七、阴道炎

1. 病因

牛阴道炎分为原发性阴道炎和继发性阴道炎两种。原发性阴道炎是分娩时受伤或细菌感染或人工授精时引起损伤造成的；继发性阴道炎常见于子宫内膜炎、子宫炎、阴道脱、胎衣不下等疾病引起并发症，或由于粪、尿及阴道和子宫分泌物在阴道内积聚而引起感染，发生阴道炎。

2. 临床症状

表现为病牛拱背，尾根举起，努责并常作排尿动作，但每次排出的尿量不多。时而见其努责之后，从阴门中流出污红、腥臭的稀薄液体。用阴道开膣器打开阴道口，病牛表现疼痛不安并引起出血，同时可见阴道黏膜特别是阴瓣前后的黏膜充血、肿胀；阴道壁上皮缺损，可见到创伤、糜烂和多处溃疡。阴道壁明显肿胀，质地变硬，压迫直肠、膀胱；子宫角比正常产后增大；子宫收缩反应减弱。体温时而略有升高，食欲、反刍、泌乳量急剧下降并继发乳房炎及跗、腕、球关节炎症。

3. 治疗方法

可用 0.1% 温高锰酸钾溶液 1000 毫升冲洗阴道，10 余分钟后，将青霉素 80 万单位用 50~100 毫升生理盐水稀释注入阴道内可起到消炎、收敛作用。

八、流产

1. 病因

流产是指由于胎儿或母体异常而导致妊娠的生理过程发生扰乱，或它们之间的正常关系到破坏而导致的妊娠中断。一般可分为传染性流产和非传染性流产。由传染性疾病所引起的流产为传染性流产，因饲养管理及医疗、配种技术引起者，为非传染性流产。从排出胎儿时间来看，布氏杆菌及损伤等导致流产者，以怀孕后期发病较多；怀孕前期流产者，多见于生殖激素紊乱和隐性子宫内膜炎等。母

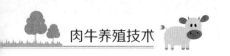

牛流产发生率为 5%～10%，而流产的 9% 为传染性流产。

2. 症状

（1）怀孕早期（40～120 天）孕检确认配上，经一段时期后复检未孕者多为隐性流产和早期流产，此种流产以奶牛多见。

（2）产出不足月的活胎称为早产。流产的预兆、过程与正常分娩相似，但不明显，常在排出胎儿前 2～3 天突然出现乳房肿大，阴唇轻微肿胀。如果排出胎儿的体表被覆着完整的绒毛，还有活的可能。胎儿排出后，胎衣大多滞留在子宫内。

（3）排出死亡未见变化的胎儿称为小产。多发生在妊娠中后期。胎儿死亡后，可引起子宫收缩反应，在 2～3 天内排出死胎及其附属膜。一般预后良好。

（4）胎儿干尸化。胎儿死亡后未被细菌感染，胎儿水分被吸收，呈干尸样留在子宫内。直肠检查可摸到硬的物体，没有胎水波动感，而是子宫壁包着硬物。卵巢上有持久黄体，无妊娠脉搏。

（5）胎儿浸溶。胎儿死亡后，在子宫内软组织被分解，皮肤、肌肉变为恶臭液体流出体外，骨骼留在子宫内。阴道检查，可发现子宫内流出的胎儿碎骨片滞留在子宫颈或阴道中。

（6）胎儿腐败（或气肿）。妊娠中断后，胎儿未能排出，腐败细菌通过子宫颈或血液侵入子宫，使胎儿软组织分解，产生大量气体（CO_2、H_2S 等），充满在胎儿皮下与肌间组织及胸、腹腔中。这时胎儿体积迅速增大，可使子宫过度伸张，并引起母牛败血症而死亡。

3. 治疗

（1）如果孕畜出现腹痛、起卧不安、呼吸和脉搏加快等临床症状，即可能发生流产。处理原则为安胎，使用抑制子宫收缩药。①肌内注射孕酮 50～100 毫克，隔日或每隔日一次，连用数次；或注射 1% 硫酸阿托品 1～3 毫升。②给以镇静剂，如溴剂、氯丙嗪等。③禁行阴道检查，尽量控制直肠检查，以免刺激母畜。

（2）先兆流产经上述处理，病情仍未稳定下来，阴道排出物继续增多，子宫颈口已开放，胎囊已进入阴道或已破水，流产已在所难免，应尽快促使子宫内容物排出，以免胎儿死亡腐败引起子宫内膜炎，影响以后受孕。①如子宫颈口已经开大，可用手将胎儿拉出，或施行截胎术。②对于早产胎儿，如有吸吮反射，可帮助吮乳或人工喂奶，并注意保暖。

（3）对于延期流产如干尸化胎儿或胎儿浸润者，首先使用前列腺素制剂，然后或同时应用雌激素，以促使子宫颈扩张。待胎儿取出后，用 0.1% 高锰酸钾、0.1% 新洁尔灭液或 5%～10% 盐水等反复冲洗子宫。然后注射缩宫素，促使液体排出，最后在子宫内放入抗生素（庆大霉素、氯霉素及青、链霉素等），进行消炎。

（4）如有隐性流产或早期流产史时，配种前应彻底清宫，孕后30天左右每次肌内注射黄体酮50~100毫克，每3周一次，直至怀孕5月龄为止。

九、乳房炎

1. 病因

乳腺组织发炎称乳房炎。本病是奶牛的常发病，水牛、黄牛偶有发生。引起本病发生的原因主要是牛舍不卫生，挤乳不规范及乳头损伤导致细菌感染等。

2. 症状

（1）多数临床表现为乳区红、肿、热、痛，泌乳量减少，并可见絮状物或仅挤出淡黄色液体。

（2）个别牛乳中带血。

（3）少数牛乳房挤乳、过滤等均未见异常，只是将奶汁静置30分钟后乳汁上部可见淡黄色糊状物。

（4）一旦引起全身感染，则出现体温、呼吸、心跳异常及食欲减少等症状。

3. 治疗

（1）乳头灌注疗法。0.5%50毫升环丙沙星、0.25%~0.5%普鲁卡因100毫升，青霉素80万国际单位、链霉素50万国际单位，每次挤乳后一次乳头灌注，直至痊愈。如疗效不佳，可在上药中加入地塞米松10~20毫克（孕牛禁用）。

（2）乳房基部封闭疗法：0.25%~0.5%普鲁卡因50毫升、青霉素80万单位。此方法最好配合乳头灌注疗法，每日1次，连续4~5日。

（3）全身疗法。当引起全身感染，患畜有体温升高等一系列全身反应时采用此法。常用的治疗方法为静脉注射或肌内注射抗生素及磺胺类药物。

（4）冷敷、热敷及涂擦刺激物。为制止炎性渗出，在炎症初期需冷敷，2~3日后可热敷，以促进吸收。在乳房上涂擦樟脑软膏、复方醋酸铅软膏、鱼石脂软膏，可促进吸收，消散炎症。

（5）其他药物疗法。①六茜素：对由细菌引起的乳房炎有特效。②蒲公英：如双丁注射液（蒲公英和地丁），复方蒲公英煎剂、乳房宁1号等。③洗必泰：对细菌和真菌都有较强的杀灭作用。④ CD－01液：主要是由醋酸洗必泰等药物组成，不含抗生素，不影响乳品卫生。与蒲公英煎剂合用，效果更好。⑤蜂胶：有抗细菌、抗真菌、镇痛等作用，对抗生素治疗无效的乳房炎有一定疗效，用药1~2次明显好转，一般连用5~11天。

第三节 肉牛常见疾病及防治

一、前胃弛缓症

前胃弛缓症是育肥牛常见的疾病，主要症状是食欲下降，前胃蠕动微弱，常常伴有由于酸中毒造成的拉稀现象。

1. 致病原因

（1）日粮中精饲料比例过大，糟渣类饲料在日粮中的比例大，块根多汁饲料喂量过多。

（2）日粮配合比例的突然变化，或饲养制度的突变（如限制饲养突然改为自由采食等）。

（3）日粮中饲料品质差，长期饲喂如稻草、麦秸、豆秆等为主的日粮。

（4）长途运输，劳累过度。

（5）天气突然变化，受寒感冒，牛的抵抗力下降。

（6）由其他疾病引起，如传染病（流行热），寄生虫病（肝片吸虫病、血孢子虫病）等。

2. 主要症状

食欲突然减退，甚至不吃不喝，反刍次数减少；牛粪呈现块状或索状，上附黏液；严重的病牛脱水、酸中毒、卧地不起，牛粪黄色水样。

3. 治疗方法

（1）洗胃。洗胃液用4%的碳酸氢钠或0.9%的食盐溶液。洗胃后用5%的葡萄糖生理盐水1000~3000毫升，20%葡萄溶液500毫升，5%的碳酸氢钠液500毫升，20%安那加10升；一次静脉注射。

（2）10%氯化钠溶液500毫升，20%安那加10毫升，一次静脉注射。

（3）氯化钠25克，氯化钙5克，葡萄糖50克，安那加1克，蒸馏水500毫升，灭菌，一次静脉注射。

（4）人工盐250~300克，或硫酸镁500克，加水后一次灌服。

4. 预防措施

（1）在饲喂高能日粮、糟渣类饲料较多时每头每日补喂瘤胃素200~300毫克。

（2）不喂发霉变质饲料。

（3）饲喂要细心，防止尖锐的铁丝、铁钉混入饲料被牛吞食而发生创伤性网胃炎，继发前胃弛缓病。

二、瘤胃膨胀病

1. 致病原因

（1）育肥牛日粮中，易发酵饲料如青草、白薯块、青苜蓿的比例过大。

（2）发霉变质饲料。

（3）误食有毒饲草如毒芹、毛茛等。

（4）其他病引发，如创伤性网胃炎、食道梗阻等。

2. 主要症状

病牛精神不安，无食欲；腹围增大，左侧胁部隆起，甚至高出髋结节；随病情加剧，呼吸越来越困难。

3. 治疗方法

（1）排气减压。①将胃管径口插入瘤胃，气体从管中排出，按摩侧腹部，可增加排气量。②用套管针放气时，要注意放气速度不能太快；如遇到泡沫性膨气时效果不理想。

（2）灌服泻剂。硫酸镁 500~1000 克，液体石蜡油 1 000~1 500 毫升、松节油 30~40 毫升，加水，一次灌服。

（3）泡沫性膨胀者，可口服聚氧化丙烯与聚氧化乙烯合剂 20~25 克，或消泡剂（聚合甲基硅油）30~60 片。

（4）犊牛发生膨胀病时，可灌服氧化镁的水溶液。

4. 预防措施

加强饲养管理，制定合理的饲养管理制度；防止甜菜、白薯过量饲喂，防止用霉烂饲料喂牛。

三、瘤胃积食

1. 致病原因

（1）长期大量饲喂精料及糟粕类饲料，粗饲料喂量过低。

（2）牛突然采食大量精料。

（3）日粮配方的突变，牛只大量采食饲料。

（4）高精料日粮时，饮水不足。

2. 主要症状

轻度积食时，食欲反刍减少或停止，腹围增大，左侧胁部隆起，排粪次数增加，粪量减少；积食严重时，拱背、站立不安，四肢乏力，卧地不起、体温下降，呼吸加深、昏迷。

3. 治疗方法

（1）饥饿疗法，对轻度积食肉牛先停止喂料1~2天后再给优质干草。

（2）加快瘤胃内容物的排出。硫酸镁500~1000克，配制成8%~10%水溶液灌服或用蓖麻油500~1000毫升，石蜡油1000~1500毫升灌服。

（3）5%葡萄糖生理盐水1500~3000毫升，5%碳酸氢钠溶液500~1000毫升，25%葡萄糖溶液500毫升，一次静脉注射。

（4）洗胃。4%碳酸氢钠溶液洗胃，尽量将胃内容物洗出。

（5）10%氯化钠溶液500毫升，20%安那加10毫升，一次静脉注射。

（6）药物治疗不佳时，可采用瘤胃切开术，将胃内容物掏出。

4. 预防措施

防止过食高能日粮型饲料，防止肉牛偷吃精料，日粮配方变更不要过猛。

四、创伤性网胃炎

1. 病因

牛食入铁钉、铁丝、玻璃片等异物，并转入网胃，引起网胃壁损伤发炎。

2. 症状

特征性症状为顽固性前胃弛缓症状和冲击网胃疼痛。食欲和反刍减少，表现拱背、呻吟、消化不良、胸壁疼痛、间隔性膨胀。用拳头顶压剑状软骨左后方，患畜表现疼痛、躲避。站立时外展，下坡、转弯、走路、卧地时表现缓慢和谨慎，起立时多先起前肢（正常情况下先起后肢）如刺伤心包，则脉搏、呼吸加快，体温升高。当异物穿破网胃2~3天后，体温上升可达40℃，粪干，量少而黑，表面有黏液，有时发现潜血。呼吸短促，脉搏浅快，全身战栗，消瘦很快。

3. 治疗

（1）药物治疗。对创伤性网胃炎、而且金属异物不再前行的病例实施药物治疗。采取抗菌消炎为主，同时结合补液等辅助治疗。一般采用青霉素、链霉素、葡萄糖、生理盐水、碳酸氢钠等药品。创伤性心包炎治愈希望极小，一般及早采取淘汰方式处理病牛。

（2）手术治疗。选择在发病早期实施瘤胃切开术，切开瘤胃后，可将手伸入到网胃，通过触摸检查的方式清除金属异物，部分病牛能够治愈，但病程如到晚期手术治疗效果极其有限。

4. 预防

以防为主，药物治疗效果不佳。注意防止尖锐金属异物混入饲草饲料是防止该病发生最根本的方法。因此，必须切实加强饲草刈割、收获、运输管理，严禁使用废钢丝、铁丝编制的筹筐和容器；加工、调制饲料时，必须认真仔细地清除检净金属、塑料、木屑等异物；有条件的规模奶牛场，可采用电磁筛去除金属异物；定期实施瘤胃、网胃去铁。每年1~2次采用金属探测器对奶牛进行检查，对阳性牛用瘤胃取铁器实施瘤胃、网胃取铁，有效减少本病发生；采取牛瘤胃投入磁笼的方法，可预防本病发生。

五、创伤性心包炎

1. 致病原因

主要是饲养管理粗放，饲草加工不细，混入饲料中的各种金属尖锐异物如铁丝、铁钉、尖针等随饲料进入瘤胃、网胃，当网瘤胃蠕动时，异物刺伤胃后波及心包而引起心包炎。

2. 主要症状

前期的症状和创伤性网胃炎相同，如食欲废绝、瘤胃蠕动减弱，粪少而干，全身被毛粗乱无光；随着病情恶化，体温升高，心跳加速，体力明显下降，站立时拱背，不愿卧下，痛苦，衰极死亡。

3. 治疗方法

临床手术、药物治疗均无疗效。

4. 预防措施

（1）饲料加工入口处设置强磁铁，防止铁钉、铁丝等异物进入饲料；配制日粮时防止异物混入。

（2）向胃内投放永久性磁棒，防止异物移动。

六、牛皮蝇蛆病

1. 致病原因

由牛皮蝇、蚊皮蝇的幼虫寄生在育肥牛背部皮下的寄生虫病。牛皮蝇的成虫于夏季在牛毛上产卵4~7天后卵孵化出幼虫，幼虫沿毛孔钻入皮肤，最后移行到牛的食道壁寄生6个月，然后移到牛背部皮下。第二年春季，成熟的幼虫由皮下钻出，落地入土变成蛹，再变成成虫。

2. 主要症状

此病最大的特时是，当幼虫移到牛背部时，可形成大小不同的结节，凸出皮肤，牛只发痒而在栏杆上挤擦，用舌头舔，寄生虫多时，牛只烦燥不安，影响采食和休息。被牛皮蝇侵入过的皮张有小孔，严重影响牛皮质量。

3. 防治方法

（1）加强牛体卫生。

（2）药物预防。①蝇毒磷，每千克体重4毫克，配成15%的丙酮溶液，臀

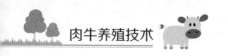

部肌内注射。②倍硫磷，每千克体重 4~10 毫克，肌内注射。

（3）牛舍、运动场定期用滴滴涕或除虫菊酯喷雾。

七、腐蹄病

1. 致病原因

饲养管理条件差，蹄部不卫生，各种能引起蹄外伤的因素等；继发于坏死杆菌病、化脓棒状杆菌病和其他化脓性病原菌感染。无机盐缺乏或代谢紊乱，运动不足也可能诱发。

2. 主要症状

蹄间腐烂，覆有恶臭的坏死物，烂成大小不等的孔洞，不能站立，卧地不起。

3. 防治方法

（1）做好护蹄工作，使蹄部不致受损。

（2）对原发病灶清洗、消毒，扩创或削修蹄角质，用 3% 过氧化氢、0.1% 高锰酸钾液冲洗后包扎。

（3）控制感染及感染的扩散，应用抗生素及磺胺疗法有较好的效果。

（4）将病牛移至干燥干净处。

八、蹄叉腐烂

1. 致病原因

牛舍不洁，粪尿污泥长期浸蚀蹄叉角质。护蹄、削蹄不良，运动不足。

2. 主要症状

蹄叉中沟或侧沟的角质开始分解、腐烂，排出腐臭味的黑灰色液体。蹄叉真皮显露，易出血，常伴有跛行。

3. 防治方法

（1）牛舍要保持清洁干燥，经常刷洗蹄部、适当运动。

（2）清洁蹄底部，用 3% 来苏水泡蹄后用蹄刀彻底清除腐烂角质，撒高锰酸钾粉消毒包扎。

九、牛螨病（疥癣病）

1. 致病原因

疥螨科或痒螨科的螨寄生在牛的头部、颈部、尾根等被毛较短的部位而引起的慢性寄生性皮肤病。

2. 主要症状

机械破坏完整皮肤，分泌毒素，吸收营养，形成出血性和浆液性浸润。影响采食和增膘。肉眼可见奇痒、皮肤破溃、不规则小斑秃、结痂、舌舔毛，波纹状，消瘦。

3. 防治方法

（1）周围环境灭虫。

（2）口服虫克星、灭虫丁。

（3）皮下注射碘硝酚、阿维菌素，伊维菌素。

（4）用螨净、胺丙畏等药浴。

牛舍常规消毒：每年定期大消毒 2~4 次，牧场及牛舍出入口处，设置消毒池，牛舍、运动场每月消毒 1 次，饲养用具每 10 天消毒 1 次。如检出阳性牛，必须临时增加消毒，粪便堆积发酵处理。进出车辆与人员要严格消毒。

第四节　牛传染性疾病

一、结核病

1. 流行病学

结核病是由结核分枝杆菌引起的人畜共患传染病。牛发病率较其他家畜高，而且成年牛较青年牛高。疾病的主要特征是器官和组织中形成结核结节。结核病畜为主要传染源，结核杆菌在机体中分布于各个器官的病灶内，因此病畜能由粪便、乳汁、尿及气管分泌物排出病菌，污染周围环境而散布传染。主要经呼吸道和消化道传染，也可经胎盘传播或交配感染。

2. 症状

潜伏期一般为 10~15 天，有时达数月以上。病程呈慢性经过，由于病菌侵害部位不同，临床可分为肺结核、肠结核、乳房结核等型，但以肺结核较为多见。

牛患肺结核时，症状多为短促的干咳或湿性咳嗽，尤以早上、饮水和运动后为明显。随病程发展咳嗽加剧，呼吸增加，有时可见腹式呼吸。患畜精神不振，食欲不佳，逐渐消瘦。肺部听诊有啰音，叩诊有浊音区。

患肠结核时，患畜出现腹泻，粪中有脓性黏液，有时直肠检查可见大小不等的结核结节。

乳房结核的特征性症状为乳上淋巴结肿大，无增温及痛感，乳房出现局限性或弥散性硬结，乳量减少，逐渐稀薄，且有凝块。

3. 防治

新购牛必须观察 3 个月，经用结核菌素检疫确认为阴性后方可合群。阳性牛

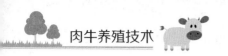
应隔离并由专人饲养。结核母牛所产的犊牛坚持喂健康牛乳汁，并严格隔离，连续3次检查证明为阴性时方可合群。凡开放性结核牛必须扑杀。对于阴性牛及时治疗，常用的治疗药物有异烟肼（雷米封），每日3克，分3次投服，3个月为一疗程。严重患畜每日1次肌内注射链霉素200~500万国际单位，连续1周。对感染牛圈舍及用具用20%石灰乳或10%漂白粉消毒。结核患牛奶汁应彻底消毒后方可出售。

二、布氏杆菌病

1. 流行病学

布氏杆菌病是由布氏杆菌引起的人畜共患的慢性传染病。主要特征是导致流产、胎衣不下和公畜睾丸炎等疾病的发生。病牛是主要的传染来源，流产的胎儿、胎衣、羊水及流产母牛的郛汁、恶露、子宫分泌物、粪便、脏器及牛的精液都含有大量病菌。布氏杆菌病可经消化道、生殖道、呼吸道黏膜感染，特别是接产和人工输精消毒不严时更易感染人。可经母体胎盘垂直传给胎儿。

2. 症状

（1）犊牛患此病后通常不表现临床症状。

（2）成年母牛第一胎流产，多发生在妊娠5~8个月，流产后出现胎衣不下，常从阴道流出褐色恶臭黏液，发生子宫内膜炎，导致屡配不孕。

（3）母牛可发生腕关节、跗关节及膝关节炎。

（4）公牛感染病后，多数表现睾丸炎和副睾丸炎。

3. 防治

新引进牛只须隔离饲养两个月并检疫两次，阴性者方可合群。对患病牛应淘汰处理，畜舍用3%氢氧化钠液或新鲜石灰水消毒。每年定期进行检疫，成立病牛饲养场。定期预防注射，常用于牛的菌苗有布氏杆菌19号弱毒菌苗（5~8月龄注射1次，18~20月龄再注射1次）、布氏杆菌羊型5号弱毒菌苗、猪型二号活菌冻干菌。对病牛数量较多或有特殊价值的病牛，可在严密隔离条件下治疗。可用金霉素、链霉素或磺胺类药物和中药益母散，需坚持用药。有子宫炎时用0.1%高锰酸钾或0.02%呋喃西林冲洗子宫，每日1~2次，2~3天后隔日1次，直到痊愈。

三、炭疽病

1. 流行病学

炭疽是由炭疽杆菌所引起的人畜共患的一种急性、热性、败血性传染病，常呈散发或地方性减行。其特征脾脏肿大，皮下和浆膜下出血性胶样浸润，血液凝固不良，死后尸僵不全。各种动物均可感染。病死畜的血液、内脏和排泄物中含

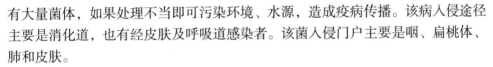

有大量菌体，如果处理不当即可污染环境、水源，造成疫病传播。该病入侵途径主要是消化道，也有经皮肤及呼吸道感染者。该菌入侵门户主要是咽、扁桃体、肺和皮肤。

2.症状

自然感染者潜伏期1~3天，也有长至14天的。根据病程可分为最急性、急性和亚急性三型。

牛多为急性型，病初体温高达42℃，呼吸困难，心跳加速；食欲废绝，有时可见瘤胃膨胀；可视黏膜紫绀有出血点；死前有天然孔出血。病畜有时精神兴奋，行走摇摆。最急性型常在放牧或使役中突然倒毙，无典型症状。

炭疽痈多在亚急性型时出现，常发生于颈、胸、腰及外阴，有时发生于口腔，造成严重的呼吸困难。发生肠痈时，下痢带血，肛门浮肿。

3.防治

炭疽病要抓好预防注射和尸体处理两个主要环节。易感群应每年定期注射无毒炭疽芽胞苗1毫升（1岁以内牛0.5毫升）或Ⅱ号炭疽芽胞苗1毫升（不分年龄）。疑似炭疽尸体应严禁剖检，应焚烧或深埋处理。

确认炭疽后立即上报有关单位。封锁现场，加强消毒并紧急预防接种。封锁区内彻底消毒污染的环境、用具（用20%漂白粉或10%氢氧化钠），毛皮饲料、垫草、粪便焚烧。人员、牲畜、车辆控制流动，严格消毒；工具、衣服煮沸或干热灭菌（工具也可用0.1%升汞液浸泡）。疫区封锁必须在最后一头病畜死亡或痊愈后14天，经全面大消毒方能解除。

炭疽病早期应用抗炭疽血清可获得良好效果，成年牛静脉、皮下或腹腔注射100~300毫升；若注射后体温仍不下降，则可于12~24小时后再重复注射一次。按每千克体重4 000~8 000国际单位肌内注射青霉素，每日2~3次，治疗效果良好；若将青霉素与抗炭疽血清或链霉素合并应用，则效果更好；土霉素之疗效亦较理想。磺胺类药物对炭疽有效，以磺胺嘧啶为最好；首次剂量每千克体重0.2克，以后减半，每日1~2次。

四、口蹄疫

1.流行病学

由口蹄疫病毒引起的一种牛急性、热性及高度接触性传染病，偶见于人。本病具有传染快、蔓延面宽、病毒宿主广泛等特点，一旦发病，传播速度快，往往造成大流行，不易控制和消灭，造成很大损失。国际兽疫局（OIE）一直将本病列为发病必须报告的A类动物疫病名单之首。它流行于一年四季，冬春较多，夏秋较少。传播方式一般为接触传播和空气传播。

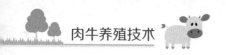

2. 症状

（1）潜伏期平均为2~4天。病牛体温升高，食欲降低，精神不振，反刍减少或停止。

（2）口腔黏膜潮红，口温增加，有渴感。视诊可见舌背、唇内、齿龈等处形成蚕豆及核桃大小的水泡，色较淡，内含清亮液体，破溃后现出红色组织。患畜流涎，表现咂嘴，并发出声音。如无继发感染，多为2~3日后破溃并长出上皮组织。

（3）蹄部（蹄叉、蹄冠、蹄踵）、乳房上也出现水疱。蹄部水泡破烂后常表现跛行。在没有继发感染的情况下，多于2周左右自愈。如感染严重，可见蹄壳脱落，甚至难以治愈。

3. 防治

（1）一旦发病立即向有关部门上报疫情，采取病料，迅速送检，以便确认病毒型。

（2）将病畜隔离，封锁疫区，停止畜产品销售和家畜转移。

（3）立即用同型疫苗对邻近或同群的易感家畜进行紧急预防注射。

（4）用1%~2%热烧碱水对患畜所用场地、牛舍及用具等进行消毒。同时将粪便发酵，深埋病死牛。

（5）待最后一头患畜自愈或扑杀后2周左右，通过全面、彻底消毒之后方能解除封锁。

（6）为防止继发感染，可用5%温硼酸液，1%~2%明矾液或0.1%高锰酸钾液冲洗口腔、蹄部和乳房，之后涂上碘甘油、抗生软膏、硫酸锌软膏等。

（7）恶性口蹄疫病畜除局部治疗外，可根据实际情况进行全身治疗，如强心、补液、抗感染等。

五、蓝舌病

1. 流行病学

病畜是本病的传染源。主要通过库蠓传递，公牛感染后，其精液内带有病毒，可通过交配和人工授精传染给母牛。病毒也可通过胎盘感染胎儿。本病的发生有严格的季节性，多发生在湿热的夏季和早秋。

2. 症状

牛通常缺乏症状。约有5%的病例可显示轻微症状。初期症状不太明显，发热也只是在40℃左右，并不严重，但在食欲不振的同时出现鼻腔、鼻镜和口腔充血，接着转变为淤血。不久就会引起这些组织的部分坏死并逐渐形成结痂，剥落结痂下面组织可形成较浅的溃疡面。而且还可见到眼结膜充血、肿胀、流泪等症状。病牛大都出现吞咽困难的症状、喉头麻痹的病牛饮水往往能引起误咽，极易引起继发性死亡率较高的误咽性肺炎。该病死亡率一般在 10% 左右。

3. 防治

发生本病后首先要隔离病畜，给予优质干草或青草，控制精料。另外在这个时期要考虑到可能会出现"麻痹"，要采取多给饮水的措施。万一出现了"麻痹症状，为了避免危险性极大的"误咽性肺炎"，要通过注射或输液给牛大量补充液体。

治疗过程中，在前驱症状阶段要尽量使牛保持安静，给予强心和补液。对出现麻痹症状的病牛，特别重要的是补液，强心，补给营养。为达到补液的目的用很快的速度静脉注射大量的林格氏液，会增加心脏负担应尽量避免。

已经出现咽喉头麻痹时间较长的病牛不但体液缺乏而且瘤胃及消化道内的水分也缺乏，为了使消化道恢复正常，必须补给水分。在这种情况下为了防止误咽，须用胃导管向瘤胃内注水。

第五节　牛中毒病防治

一、牛有机磷中毒症

1. 病因

由于牛吸入、食入或经皮肤接触有机磷制剂引起中毒。普通的有机磷制剂有1605（对硫磷）、1509（内吸磷）、甲基 1605（甲基对硫磷）、敌敌畏、乐果和敌百虫等。

2. 症状

表现出精神兴奋、狂躁不安、肌肉震颤、口吐白沫、心跳急速、心音增强、出汗、呼吸困难、臌气、疝痛、呻吟、便稀带血、尿失禁、肢端发凉、结膜充血、眼球突出、瞳孔缩小、结膜苍白、肠音亢进等现象。未经及时治疗者可于 24 小时内死亡。

3. 防治

对喂养肉牛的饲料，要经过严格的检查工作，防止含有农药的饲料进入肉牛养殖场。如果发现患这种疾病的肉牛后，要立刻停止喂养有可能含有农药的饲料，并及时治疗。经接触引起的中毒可用清水洗净，以防止中毒加深。另外可皮下注射阿托品 10~50 毫克。说明：阿托品可重复用至阿托品化（出汗、瞳孔散大、流涎停止）。注射后如症状仍未缓解，隔 2~4 小时重复注射，并稍加大剂量。在此治疗基础上，配合解磷定或氯磷定 5~10 克，配成 2%~5% 水溶液静脉注射，

每隔4~5小时用药1次。实践证明，阿托品和解磷定合用效果更好。双复磷为目前优良的有机磷中毒解救药，每千克体重皮下或肌内注射40~60毫克，可取得较好治疗效果。

二、牛氢氰酸中毒

1.病因

牛采食过多富含氰苷或可产生氰苷的饲料所致。

（1）高粱及玉米的新鲜幼苗均含有氰苷，特别是再生苗含氰苷更高。

（2）亚麻子含有氰苷，榨油后的残渣（亚麻子饼）可作为饲料；土法榨油中的亚麻子经过蒸煮，氰苷含量少，而机榨亚麻子饼内氰苷含量较高。

（3）蔷薇科植物。桃、李、梅、杏、枇杷、樱桃的叶子和种子含有氰苷，当饲喂过量时，均可引起中毒。

（4）豆类植物。豌豆、蚕豆苗。

2.症状

牛采食含有氰苷的饲料后15~20分钟出现症状。表现腹痛不安，呼吸加快，可视黏膜鲜红，流出白色泡沫状唾液；首先兴奋，很快转为抑制，呼出气体有苦杏仁味，随后倒地，体温下降、后肢麻痹，肌肉痉挛，瞳孔散大，最后昏迷而死亡。

3.治疗

发病后立即用5%亚硝酸钠注射液40~50毫升（总量为2克），静脉注射。随后再注射5%~10%硫代硫酸钠100~200毫升。

三、牛尿素中毒

1.病因

尿素饲喂过多，或喂法不当，或被大量误食，即可中毒。制作氨化饲料尿素使用量过大，或尿素与农作物秸秆未混合均匀，从而引起饲喂的牛只中毒；饲喂尿素（或氯化饲料），同时饲喂大豆饼、蚕豆，瘤胃中释放氨的速度增加，经瘤胃壁吸收进入血液、肝脏，血液氨浓度增高，发生中毒。

2.症状

牛过量采食尿素后30~60分钟即可发病。病初表现不安，流涎，呻吟，肌肉震颤，体躯摇晃，步样不稳，继而反复痉挛，呼吸困难，从鼻腔和口腔流出泡沫样液体。后期全身痉挛、出汗，眼球震颤，肛门松弛，很快死亡。

3.治疗

发现牛中毒后，立即灌服食醋或稀醋酸等弱酸溶液。方法是：1%醋酸1升，糖250~500克，加水1升；或食醋500毫升，加水1升，1次内服。同时应用强心剂、利尿剂、高渗葡萄糖等疗法。

（1）在中毒初期，为避免氨吸收产生碱血症及碱中毒的加重，可投服酸化剂。如稀盐酸（或盐酸乙烯二胺）2~5毫升，乳酸2~4毫升加水200~400毫升；食醋100~200毫升，一次灌服。以降低瘤胃pH值，限制尿素连续分解为氨，直至症状消失为止。

（2）静脉注射10%葡萄糖500毫升，10%葡萄糖酸钙50~100毫升，20%的硫代硫酸钠溶液10~20毫升，可收到较好效果。也可用25%硼酸葡萄糖酸钙溶液100毫升作静脉注射，或氯化钙、氯化镁、葡萄糖等份混合液静脉注射。

第八章
北方地区的牛舍建筑

第一节　牛场的选址与布局

一、场址选择

牛场场址的选择要有周密考虑，统盘安排和比较长远的规划。必须与农牧业发展规划、农田基本建设规划以及修建住宅等规划结合起来，必须适应于现代化养牛业的需要。所选场址，要有发展的余地。主要应该考虑以下几点。

1. 地势高燥

牛场应建在地势高燥、背风向阳、地下水位较低，总体平坦地方。切不可建在低凹处、风口处，以免排水困难，汛期积水及冬季防寒困难。

2. 土质良好

土质以沙壤土为好。土质松软，透水性强，雨水、尿液不易积聚，雨后没有硬结、有利于牛舍及运动场的清洁与卫生干燥，有利于防止蹄病及其他疾病的发生。

3. 水源充足

要有充足的合乎卫生要求的水源，保证生产生活及人畜饮水。水质良好，不含毒物，确保人畜安全和健康。

4. 草料丰富

肉牛饲养所需的饲料特别是粗饲料需要量大，不宜运输。牛场应距秸秆、青贮和干草饲料资源较近，以保证草料供应，减少运费，降低成本。

5. 交通方便

架子牛和大批饲草饲料的购入，肥育牛和粪肥的销售，运输量很大，来往频繁，有些运输要求风雨无阻，因此，牛场应建在交通方便处。

6. 卫生防疫

远离主要交通要道、村镇工厂 500 米以外，一般交通道路 200 米以外。还要避开对牛场污染的屠宰、加工和工矿企业，特别是化工类企业。符合兽医卫生和环境卫生的要求，周围无传染源。

7. 节约土地

不占或少占耕地。

8. 避免地方病

人畜地方病多因土壤，水质缺乏或过多含有某种元素而引起。地方病对肉牛生长和肉质影响很大，虽可防治，但势必会增加成本。故应尽可能避免。

二、场地规划与布局

牛场内建筑物的配置要因地制宜，便于管理，有利于生产，便于防疫、安全等。按功能通常分为三个区域：管理区、生产区和隔离区。根据主风向和坡度安排各区（图8-1）。

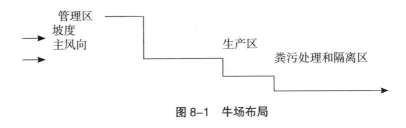

图8-1　牛场布局

管理区：包括办公室、宿舍、食堂等，在上风处与生产区严格分开，并且考虑与外界联系方便。

生产区：分为养殖生产区和辅助生产区，是牛场的核心区域，主要包括各生理阶段和生产目的的牛舍、兽医室、饲料加工及饲料库、装牛台、配电室等。

隔离区和粪污处理区：包括病牛隔离舍、焚尸炉、粪便污水处理设施等。

第二节　牛舍设计原则

牛舍设计要遵循四方面原则，一是牛适宜的环境；二是便于人的劳动；三是严格卫生防疫；四是要经济合理。

一、为牛生产及生活创造适宜环境

一个适宜的环境可以充分发挥牛的生产潜力，提高饲料利用率。一般来说，家畜的生产力20%取决于品种，40%～50%取决于饲料，20%～30%取决于环境。不适宜的环境温度可以使家畜的生产力下降10%～30%。修建牛舍时，必须符合

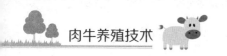

牛对各种环境条件的要求，包括温度、湿度、通风、光照、空气中的二氧化碳、氨、硫化氢，为牛创造适宜的环境。

二、便于人劳动生产并保证生产的顺利进行和畜牧兽医技术措施的实施

肉牛生产工艺包括牛群的组成和周转，运送草料，饲喂，饮水，清粪等，也包括测量、称重、防治、生产护理等技术措施。修建牛舍必须与本场生产工艺相结合。否则，必将给生产造成不便，甚至使生产无法进行。

三、严格卫生防疫，防止疫病传播

流行性疫病对牛场会形成威胁，造成经济损失。通过修建规范牛舍，为家畜创造适宜环境，将会防止或减少疫病发生。此外，修建畜舍时还应特别注意卫生要求，以利于兽医防疫制度的执行。

四、要做到经济合理，技术可行

在满足以上三项要求的前提下，畜舍修建还应尽量降低工程造价和设备投资，以降低生产成本，加快资金周转。

第三节　通辽地区常见的牛舍类型

一、半开放牛舍

半开放牛舍三面有墙，向阳一面敞开，有部分顶棚，在敞开一侧设有围墙（栏），水槽、料槽设在栏内，牛散放其中。每舍（群）15~20头，每头牛占有面积4~5平方米。这类牛舍造价低，节省劳动力，但冷冬防寒效果不佳。

二、塑料膜暖棚牛舍

塑料暖棚牛舍属于半开放牛舍的一种，是近年通辽地区推出的一种较保温的半开放牛舍。与一般半开放牛舍比，保温效果较好。塑料暖棚牛舍三面全墙，向阳一面没有墙或有半截墙，有1/2~2/3的顶棚。向阳的一面在温暖季节露天开放，冷季在露天一面用竹片、钢筋等材料做支架，上覆单层或双层塑料，两层膜间留有间隙，使牛舍呈封闭的状态，借助太阳能和牛体自身散发热量，使牛舍温度升高，防止热量散失，如图8-2、图8-3。

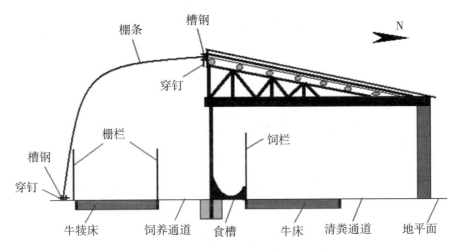

图 8-2　日光型单列式棚圈截面示意图

图 8-3　塑料膜暖棚牛舍示例

修筑塑料膜暖棚牛舍应注意以下几方面问题。

（1）选择合适的朝向，塑料膜暖棚牛舍需坐北朝南，南偏东或西角度最多不要超过 15°，舍南侧至少 10 米内应无高大建筑物及树木遮蔽。

（2）选择合适的塑料薄膜，应选择对太阳光透过率高、而对地面长波辐射透过率低的聚氯乙烯等塑料膜，其厚度以 80~100 微米为宜。

（3）一定要设置通风换气口，棚舍的进气口应设在南墙，其距地面高度要高于牛体高，不要冷空气直接吹到牛体。排气口应设在棚舍顶部的背风面，上设防风帽，排气口的面积为 20 厘米 ×20 厘米为宜，进气口的面积是排气口面积的一半，每隔 3~5 米远设置一个排气口。很多养殖户冬天只重视牛舍温度而忽视了通风，畜舍湿度大、空气浑浊，水汽和牛棚顶部滴落的水滴弄湿了牛毛，使牛感觉更加不舒服。

（4）有适宜的棚舍入射角，棚舍的入射角应大于或等于当地冬至时太阳高度角。

（5）注意塑膜坡度的设置，塑膜与地面的夹角应 55°~65° 为宜。防止塑料膜的水滴掉落在牛身上。

三、封闭牛舍

封闭牛舍四面有墙和窗户，顶棚全部覆盖，分单列封闭舍和双列封闭舍。单列封闭牛舍只有一排牛床，舍宽 6 米，高 2.6~2.8 米，舍顶可修成平顶也可修成脊形顶，这种牛舍跨度小，易建造，通风好，但散热面积相对较大。单列封闭牛舍适用于小型牛场。双列封闭牛舍舍内设有两排牛床，两排牛床多采取头对头式饲养。中央为通道。舍宽 12 米，高 2.7~2.9 米，脊形棚顶。双列式封闭牛舍适用于规模较大的牛场，以每栋舍饲养 100 头牛为宜。这样的牛舍不适宜农户，适合投资比较大的规模化牛场。

各种棚圈示意图详见图 8-4 与图 8-15。

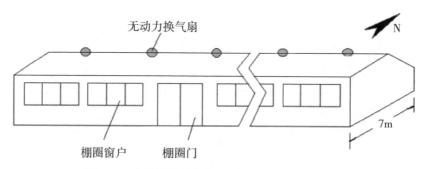

图 8-4　全封闭单列式南开门棚圈正面立体示意图

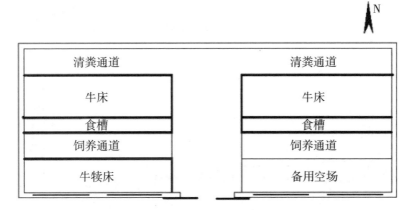

图 8-5　全封闭单列式南开门棚圈平面示意图

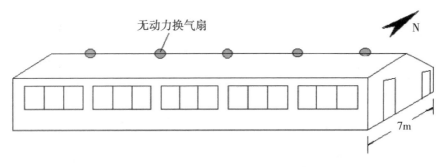

图 8-6　全封闭单列式东开门棚圈正面立体示意图

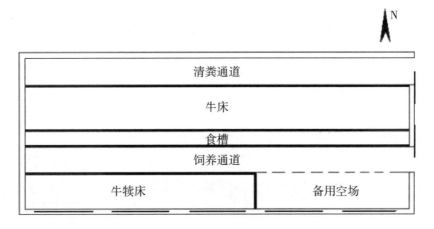

图 8-7　全封闭单列式东开门棚圈平面示意图

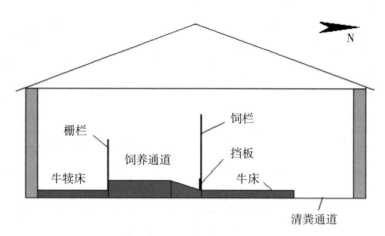

图 8-8　全封闭单列式棚圈截面示意图（平台式）

注：平台式舍内没有饲槽，便于机器化作业，但舍内必须另外设水槽

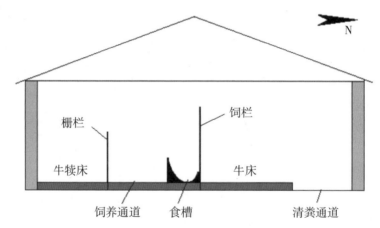

图 8-9　全封闭单列式棚圈截面示意图（食槽式）

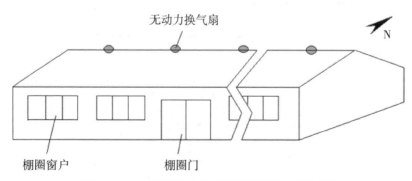

图 8-10　全封闭双列式南开门棚圈正面立体示意图

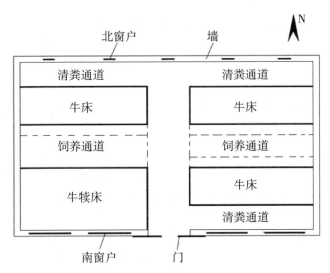

图 8-11 全封闭双列式南开门棚圈平面示意图

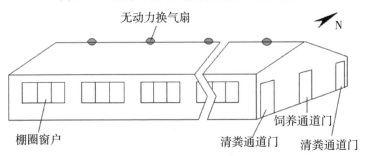

图 8-12 全封闭双列式东开门棚圈正面立体示意图

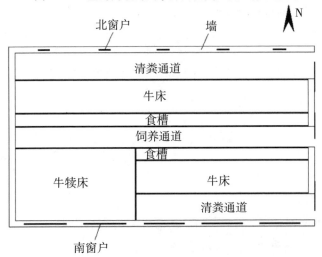

图 8-13 全封闭双列式东开门棚圈平面示意图

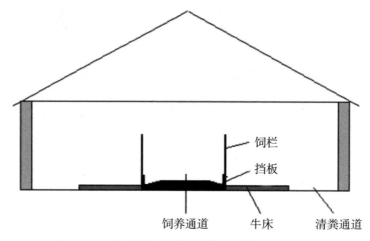

图 8-14　全封闭双列式棚圈截面示意图（平台式）

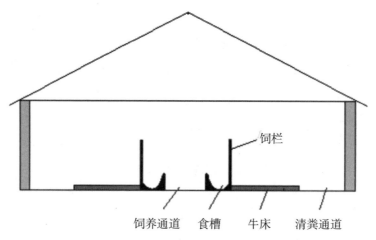

图 8-15　全封闭双列式棚圈截面示意图（食槽式）

第四节　牛舍设施

一、牛舍地面

通常舍内地面高于舍外地面 20~30 毫米，地面要求坚实、能承受牛和设备的重量。牛行走区域地面多采用混凝土拉毛或立砖，牛床躺卧区域多采用沙土或立砖地面，运动场多采用沙土或立砖地面。

二、牛床

牛床是牛吃料和休息的地方，牛床的长度依牛体大小而异。一般的肉牛床设计是使牛前躯靠近料槽后壁，后肢接近牛床边缘，粪便能直接落入清粪通道即可。成年母牛床长 1.8~2 米，宽 1.1~1.3 米；育肥牛床长 1.9~2.1 米，宽 1.2~1.3 米；6 月龄以上育成牛床长 1.7~1.8 米，宽 1~1.2 米。牛床应高出地面 5 厘米，前高后低保持平缓的坡度为宜，以利于冲刷和保持干燥。

三、饲槽（兼水槽）

饲槽建成固定式的、活动式的均可。水泥槽、铁槽、木槽均可用作牛的饲槽。上口宽 60~70 厘米，下底宽 35~45 厘米，近牛侧槽高 20~30 厘米，远牛侧槽高 40~50 厘米，槽底建成弧形、纵向有一定的坡度。

地面饲槽可以减轻人力便于机器饲喂，但必须有专门的饮水槽，对栓系育肥牛不太适用，比较适于散栏饲养繁殖母牛和育肥牛。

四、清粪通道

清粪通道也是牛进出的通道，多修成水泥地面，地面应有一定坡度，并刻上线条防滑。清粪道宽 1.5~2 米。如果使用机器设备清理粪便，可根据自家机器设备宽度确定清粪通道的宽度。

五、饲喂通道

在饲槽前设置饲喂通道。人工喂料一般宽 1.2~1.5 米。如果使用机器设备投喂饲料和饲草，可根据自家机器设备宽度确定饲喂通道的宽度。全混合日粮（TMR）饲喂通道宽 2.8~3.6 米。

六、牛舍的门

肉牛舍通常在舍两端，即正对饲料通道设两个侧门，清粪通道设两个侧门。门应做成双推门，不设门槛。

七、运动场

运动场是牛群活动的场所，最好是沙土或三合土地面，向外有一定坡度便于排水。运动场边设饮水槽，夏季应在运动场设凉棚或遮阴网，运动场中央可设置补草栏。

第九章
青贮、微贮和紫花苜蓿种植技术

通辽地区是内蒙古自治区玉米主产区，粮食生产的结构性问题主要在玉米。实施"粮改饲"试点，是玉米去产能、去库存的重要举措。农业发展方式怎么转，种养结构怎么调，如何以市场需求为导向推进农业供给侧结构性改革，通辽市2016年推广种植青贮玉米和引草入田，进行了有益探索。"粮改饲"是指引导种植全株青贮玉米，同时也因地制宜，在适合种优质牧草的地区推广牧草，将单纯的粮仓变为"粮仓+奶罐+肉库"，将粮食、经济作物的二元结构调整为粮食、经济、饲料作物的三元结构。

我国在长达数千年的历史中，农业一直在围绕"吃饱"做文章，种植业首先要满足口粮需求，畜牧业处于从属地位，只能用剩余的粮食和农副产物作饲料。改革开放以来，我国农业发展进入快车道，但直到1990年，全国粮食产量中用作口粮的比例仍高达67%，饲用量仅占10%左右。进入21世纪后，我国农业综合生产能力和居民收入水平持续提升，人均口粮消费持续下降，饲料粮消费快速增加。2004年至2015年，我国粮食总产量增加1.52亿吨，其中玉米占63%，这是适应粮食用途变化的第一轮种养关系调整，生猪和家禽规模养殖快速发展是主要驱动力。未来5~10年，我国口粮消费每年预计减少100万吨左右，猪禽养殖对玉米的需求增长也趋于平稳，而牛羊养殖对优质饲草料的需求进入快速增长期。推广粮改饲，将部分籽粒玉米改种为青贮玉米等优质饲草料，就是要坚持需求导向，按照为养而种的原则，需要啥就种啥，推动种养关系进行第二轮调整，构建粮草兼顾、农牧结合、种养一体的和谐格局，这是农业发展到一定阶段后的必然选择，是大食物观落到实处的重要体现。

据测算，与籽粒和秸秆分开收获、分开利用相比，每亩全株青贮玉米提供给牛羊的有效能量和有效蛋白均可增加约40%，生产1吨牛奶配套的饲料地可以减少0.1亩以上，豆粕用量减少15千克，精饲料用量减少25%，秸秆用量增加23千克；生产1吨牛羊肉配套的饲料地可以减少3.5亩以上，豆粕用量减少210千克，精饲料用量减少40%，秸秆用量增加220千克。使用全株青贮玉米，还可以使我国奶牛的平均单产从目前的6 000千克提高到7 000千克，肉牛肉羊的出栏时间明显缩短。可见，推广"粮改饲"，既减少玉米等能量饲料种植的耕地需求，又减少豆粕等蛋白饲料的进口依赖，还有利于提高牛羊养殖生产效率，带动秸秆等资源循环利用，同步提高种植和养殖两个产业的质量、效益和竞争力。

"十三五"是农业现代化建设的关键时期，也是优化种养结构、构建新型种养关系的战略机遇期。养殖户一是坚持以养定种，饲草料生产的最终目标是满足牛羊养殖需要，必须按照草畜配套、产销平衡的原则种植。根据实际需求确定粮改饲面积，确保生产出来的饲草料销得出、用得掉、效益好。二是坚持因地制宜。粮改饲的重时是发展青贮玉米，但不能搞"一刀切"，必须充分考虑自家资源条件，还可以选择种植燕麦、饲用高粱、黑麦草、苜蓿等。

第一节　青贮饲料调制技术

一、基本原理

在厌氧条件下，饲料中的乳酸菌发酵糖分产生乳酸。当不断积累的乳酸使青贮料的 pH 值下降到 3.8~4.2 时，青贮料中所有微生物都处于被抑制状态，使得饲料的营养价值可以长期保存。

二、原料的准备

各种饲用作物因所含的蛋白质、碳水化合物和脂肪等营养物质的量不同而制约青贮制作的成功率。一般来说，糖分高于 6% 的容易做成青贮，低于 2% 的就比较困难。青贮料必须适时收获，成熟时期是保证产量和养分达到最高时的收割时期。以玉米为例，最适宜的青贮收割期是生理成熟时，此时玉米籽粒尖端有数层细胞变黑，形成"黑成"：即在玉米尖端劈开时可看到黑层。这时必须将青贮窖准备好，在玉米粒外观出现凹痕，表面有釉光，植株下部的 4~6 片叶子变成棕或黄褐色时，全株的含水量为 60%~67%，可立即收割。高粱的收割应该在籽粒开始变硬时进行。其他牧草要在籽粒开始成熟时收割。

三、原料的铡碎

在有联合收割机的情况下最好在田间进行青贮原料的切铡，再由翻斗车拉到青贮窖直接装窖并镇压，可提高青贮质量。中小型牛场可在窖边切铡。玉米和高粱一类的作物适宜切铡长度为 3.5 厘米，或略短一些；其他短秆牧草为 3 厘米或更短些。

四、控制含水量

适宜的含水量为 60%~67%。水分含量过高有许多弊病，入窖后容易产生丁酸和其他不符合需要的酸类，制出的青贮料粘滑易腐败，甚至影响窖壁使用的耐久性。

用手捏法可以估测已切碎的青料含水量。最适宜的含水量表现为手捏时，手心湿润但无水滴出现。

五、装窖踩实

青贮切铡装窖要一次完成以免长时间暴露受到不必要的损失。在装窖前要按窖的大小估计需用的青贮料重量，算出应收割的面积，最好一天装好一窖，至少在两天之内装满一窖。入窖可先向一端填装，踩实窖角，快速装填。装填时为避免出现气穴，要层层填压，要将每层边角踩实，中央部可以略高。对于较干的茎秆务必踩踏紧实，大型的青贮窖可用拖拉机镇压。

六、青贮窖封口和封顶

窖在贮满之后，必须在窖的上沿多添出 1 米以上的青料，用黑色塑料布覆盖，四壁四角必须踩实，也可覆上潮湿的杂草后再履盖塑料布，布面要大于窖面，上压重物，或填土压实，上层压得不紧实易腐败。

七、启窖取用

按以上操作要求进行封窖后，入贮的草料可保持二年不坏。一旦启封，必须按计划用完。在不十分寒冷的地方，青贮启封不得早于入窖后的 4 周。

取料操作：一般要求在垂直切面启窖，如果青贮切得不够短，刨取时残留面松动、缝隙多、造成氧化条件，即使一天一取青贮料也会变味，如果 3 天一取会使开封的垂直部分青贮料丧失酸味、变苦、变黄、变干，并出现霉斑和变质，不能喂用。从大型窖取料，使用青贮剁刀比较合适，保持取料面尽可能整洁，每次取料应从上到下，直切到窖底，一次切齐，这样可最大限度地减少损失。严禁窖顶全部启封和局部启封。青贮窖无论是地上的、地下的或半地下的都应从一端取用，直到用完，不能用一半后再保存。

防止二次发酵。所谓二次发酵就是经过乳酸发酵的青贮饲料由于开窖或青贮过程密封不严致使空气进入，就会引起霉菌、酵母菌等好氧微生物的活动，使青贮饲料温度上升、品质变坏，这种现象称为二次发酵。

八、青贮窖

通辽最常见的青贮窖多为地下式和半地下式。窖底距地下水位应在 0.8~1 米以上。窖壁光滑，土质窖面只要整平即可，但要长期利用的窖，以砖砌加水泥抹光为好。合理的青贮窖应为斗形，倾料度约为每深 1 米收缩 5~7 厘米，其优点在于装满青贮料后，在自身重量作用下原料可继续下沉，能自动将空气排净，贮成熟后在壁上很少有变质料。而直立式窖壁，原料下沉时往往呈向心下降，使窖壁与原料间出现空气层，是使窖壁青贮料发霉腐败的原因。图 9-1 为青贮压缩机器示例。图 9-2 为青贮包示例。

图 9-1 美国大型塑料包青贮压缩机器

图 9-2 美国大型塑料青贮包

大型牛场青贮窖一般要求深 3 米以上，宽 4~6 米，长度不等。按牛头数多少而定。设计地下窖时，为了防止雨水或地面水流入，窖沿要高出地面 0.5~1 米，一端以斜坡地面。

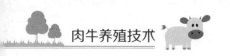

九、青贮饲料的品质鉴定

优质青贮饲料呈绿色或黄绿色，有光泽，接近原饲料的颜色。气味芳香，有酒酸味；茎叶湿润、紧密，保持原状，易分离。中等青贮饲料呈黄褐色或暗褐色，香味淡，有刺鼻酸味；茎叶部分保持原状、柔软、水分稍多。低劣青贮饲料不能饲用。

第二节　秸秆微生物处理技术

一、菌种的复活

通过农业部鉴定并发文推广的微贮秸秆发酵活干菌每袋 3 克，可处理干玉米秸、干麦秸 1 吨，或青贮饲料 2 吨。将铝箔袋剪开后倒入 200 毫升自来水中充分溶解。有条件的情况下，可以加入 2 克左右白糖溶于 200 毫升水中，放入活干菌溶解，复活率可提高 10 倍。然后在常温下静置 1~2 小时备用。

二、菌液的配制

将复活的菌液倒入充分溶解的 1% 食盐溶液中拌匀。食盐溶液的用量计算见表 9-1。

表 9-1　食盐溶液的用量计算

秸秆种类	秸秆重量（千克）	秸秆发酵活干菌用量（克）	食盐用量（千克）	自来水用量（升）
稻麦秸秆	1000	3.0	12	1200
黄玉米秸	1000	3.0	8	800
青玉米秸	1000	1.5		适量

三、饲料加工

将秸秆铡切成 5~8 厘米（养牛用）或 2~3 厘米（养羊用）。

1. 微贮窖建造

一般要建在地势高，排水容易，土质坚硬，离畜舍近的地方。家庭养牛、羊，一般建深 2 米，宽 1.5 米，长 3.5 米窖为宜，最好同时建两个窖以便交替使用。

2. 制作

（1）先将窖底铺放一层 30 厘米厚的秸秆再将配制好的菌液按表一的比例洒在秸秆上搅拌，用脚踩得越实越好，反复多次直到高出窖顶。

（2）喷洒菌液均匀一致，贮料要充分压实，排尽空气，并且密封好，不漏气。在盖塑薄膜前，每平方米撒 250 克食盐，然后盖上塑料薄膜。

（3）塑料薄膜上先盖上 20 厘米厚的稻秸或麦秸，然后覆上 20~30 厘米的土，不要用泥抹。每立方米窖可容纳干稻麦秸秆 200 千克以上，干玉米秸 300 千克以上。

四、微贮饲料饲喂

微贮饲料经 20~30 天发酵后，就可取出饲用。开始喂时，由少至多，让牲畜有一个适应过程，逐步增加饲喂量。在取用微贮料时，用多少取多少，取完后再用塑料薄膜将窖口封好。

五、注意事项

制作、使用中应该注意以下问题。

（1）配制好的菌液当天用完，防止隔夜失效，造成浪费。

（2）喷洒菌液要均匀一致，贮料要充分压实，排尽空气，并且密封好，不漏气。

（3）水分要控制在 60%~65%，不可太干或太湿。本品对人畜安全无毒。

（4）在取用贮料时，用多少取多少，取完后再用塑料薄膜将窖口封好。

（5）取料口尽量设在背阴处，可避免贮料二次发酵。

六、秸秆微贮的主要方法

1. 水泥窖微贮法

此法与传统青贮方法相似，将农作物秸秆揉碎、按比例喷洒菌液，装入水泥池内、分层压实、封口。这种方法的优点是池内不易进气进水，密封性好，经久耐用。

2. 土窖微贮法

此法是选择地势高、土质硬、向阳干燥、排水容易、地下水位低、离畜舍近、取用方便的地方，根据贮量挖一个长方形窖（深度以 2 米为宜），在窖的底和周围铺一层塑料薄膜，将秸秆放入池中，分层喷洒菌液、压实，上面盖上塑料薄膜后覆土密封。这种方法的优点是贮量大，成本低、方法简单。

3. 塑料袋微贮法

用宽幅筒式塑料薄膜，取 1.5~2 米长，一端用电熨斗或透明带封严，将配制

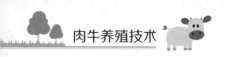

好的菌液喷洒到粉碎的秸秆上，当含水量达 60%~65% 时装入袋中，装满踩实封严勿漏气，放置在室内或室外发酵。这种方法的优点是小量制作经济方便。一次可处理 200~300 千克秸秆。

4. 大型窖微贮法

肉牛育肥场、奶牛场都应该建造微贮窖，根据调查、管理水平较好的肉牛育肥场、奶牛场的生产成本，在饲料方面占到 60% 以上，而饲料中，粗饲料又占大头，另外草食家畜常年饲养需要一个稳定的饲料来源，经常更换粗饲料会影响生产效率，因此常年饲喂微贮饲料是增产、增效的主要措施之一。微贮窖建造可按青贮窖的样式，因为两者均为厌氧发酵，窖的大小可根据养牛、养羊的规模而定。

5. 青秸秆微贮法

青绿秸秆含水率高，配制菌液和干秸秆微贮法不同，用水量很少，所以为了使菌液喷洒均匀，最好选用农用的背负式喷雾器，青秸秆收割机，在收获的过程中，一种为大型青贮收割机，在收获的过程中，秸秆已经铡切完毕，直接用拖车入窖，另外一种是将青秸秆收割后，运至窖边再用铡草机或揉草机进行铡切或揉碎。无论哪一种方法，入窖时一定要及时摊平、分层压实、喷洒菌液。青秸秆微贮时，如果秸秆的含水量高，微贮青秸秆在最初几天下沉最多，多余的汁液由窖底渗漏到地下，这些汁液都是富含营养成分的。直接渗透到地下，造成了损失，解决的办法可采用入窖先铺一层粉碎的干秸秆，铺放的厚度在自然松散的状态下，50~70 厘米即可。

第三节　紫花苜蓿种植技术

紫花苜蓿是多年生豆科牧草，由于其适应性强、产量高、品质好等优点，素有"牧草之王"之美称。苜蓿的寿命一般是 5~10 年，在年降雨量 250~800 毫米、无霜期 100 天以上的地区均可种植。喜中性土壤。pH 值 6~7.5 为宜，6.7~7.0 最好。成株高达 1~1.5 米。

苜蓿的营养价值很高，粗蛋白质、维生素含量很丰富，动物必需的氨基酸含量高，苜蓿干物质中含粗蛋白质 15%~26.2%，相当于豆饼的一半，比玉米高 1~2 倍；赖氨酸含量 1.05%~1.38%，比玉米高 4~5 倍。

苜蓿的产量根据不同品种、不同地区、管理水平和刈割次数不同，产量差异很大。一般年刈割 3~5 茬，亩产鲜草 2000~6000 千克，平均 4~5 千克鲜草晒 1 千克干草。

一、播种

播前结合整地每亩施入农家肥3 000~5 000千克，施过磷酸钙50千克做底肥。紫花苜蓿种子细小，播前要求精细整地，并保持土壤墒情，在贫瘠土壤上需施入适量厩肥和磷肥作底肥。一年四季均可播种。一般都采用条播，行距为30~40厘米，播深为1~2厘米，每亩播种量为1~1.5千克。

二、管理

为了确保紫花苜蓿高产稳产，必须加强田间管理，及时清除杂草保苗和排灌水，适量施肥，防治病虫害等。苗期生长缓慢，易受杂草侵害，应及时除草。在早春返青前或前次刈割后进行中耕松土、追肥、浇水。刈割后进行追肥一次，以磷、钾肥为主，氮肥为辅，氮磷钾比例为1:5:5。

三、收割

每年可刈割3~4次，现蕾末期至初花期收割，一般亩产干草1000~2000千克，高产可达4000千克以上。通常4~5千克鲜草晒制干草1千克，晒制干草应在10%植株开花时刈割，留茬高度以5厘米左右为宜。

四、紫花苜蓿调制技术

紫花苜蓿最重要的利用方式是调制干草，其干草调制技术主要可分为自然干燥法、人工干燥法、混合脱水干燥法等。

1. 自然干燥法

在自然条件下使饲草风干并形成干燥疏松的干草制品的方法。在实际操作过程中，必须注意防雨防湿，每隔几个小时进行翻动，保证整体水分蒸发。

2. 人工干燥法

主要是将苜蓿放入人工干燥室内进行烘干，其主要特时是与自然干燥法相比，具有可控制、可调节、干燥快等特点，但是这种方法成本较高，且可能导致营养成分变质。

3. 混合脱水干燥法

此法是结合以上两种方法的综合方法，具有成本较低、灵活度高等特点。

4. 青贮调制法

紫花苜蓿因碳水化合物含量低、缓冲能高，所以青贮较为困难，因而在实际操作过程中，应更加注意材料选择和操作技术。紫花苜蓿青贮原料制备过程中应尽量保证其含水量在60%左右，这样有利于乳酸菌的发酵，保证青贮饲料的品质。

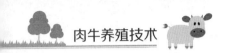

在紫花苜蓿青贮的辅助材料选择方面，可通过添加玉米秸秆、小麦秸秆等辅助材料，克服紫花苜蓿青贮时含糖量低、pH 值无法达到 4.2 以下等导致的乳酸菌发酵困难问题，并且有利于调节青贮饲料的含水量，减少营养物质的流失。在青贮窖内添加适量的酸性物质如乳酸、甲酸等，能够有效地提高处理效果，使青贮饲料在色泽、气味、质地等方面有所改善。

附录 通辽市畜牧科技推广团队与平台建设

一、畜牧专家

1. 推广研究员

戴广宇 男，1963年9月出生。1987年7月毕业于内蒙古农牧学院畜牧系。1987年9月参加工作，1996年4月任畜牧生产科副科长主持工作，同年8月任畜牧生产科科长；2001年3—6月参加了为期3个月的通辽市第二届中青年干部培训班；2005年5月任通辽市家畜繁育指导站站长至今。自1987年大学毕业以来一直从事畜牧业技术推广、科学研究工作。

主持参加的项目：内蒙古自治区（以下简称内蒙古，全书同）丰收计划项目"良种牛及配套技术"；农业部丰收计划项目"良种牛及配套技术"；内蒙古丰收计划项目"优质细毛羊选育及良种繁育体系建设""优质细毛羊选育及良种繁育体系建设""白鹅饲养综合配套技术推广"。

共撰写新闻稿件和专业论文130余篇。

1996年年初在哲里木日报发表了《高奏农牧和弦的乐章》新闻综述；《盘中餐里显风流》获1999年度通辽市宣传部、交通局"改革开放20年"交通杯有奖征文优秀奖；2001年《舍饲山羊——畜牧业转型的晴雨表》获内蒙古畜牧业杂志社2001年优秀论文奖；《我市建设牛产业大市迈出坚实一步，牛冷配改良突破25万头大关》成为2001年度通辽日报十大新闻之一。以第一作者身份发表的论文《西门塔尔牛杂交育肥技术探讨》《西门塔尔牛高产奶牛瘤胃酸中毒及其调控措施》《西门塔尔牛杂交牛新生儿的杀手——犊牛腹泻》2006年被收入中国西门塔尔牛育种委员会第七届会员代表大会论文集中。2007年《通辽市现行肉牛育肥技术模式》《通辽市发挥资源优势 开发西门塔尔牛产业》发表在中国畜牧杂志上（第二届中国牛业发展大会论文集）。主持编撰了《养牛技术模式》和《养鹅实用技术手册》。

取得的成绩：1992—1995年连续被自治区畜牧业厅评为畜牧业先进统计员一等奖；2003年6月被评为通辽市劳动模范；1994—1996连续3年当选为优秀公务员；1996年因畜牧业防灾基地建设中成绩突出被内蒙古人民政府记二等功一次；2002年获内蒙古畜牧业种子工程建设先进个人；2003年被通辽市人民政府评为全市黄牛冷配先进个人。1999年获内蒙古《良种牛及配套技术》丰收计

划一等奖；2001 年获农业部《良种牛及配套技术》丰收计划二等奖；2006 年主持完成的"优质细毛羊选育及良种繁育体系建设"获 内蒙古农牧业丰收一等奖。

王 维 男，汉族，1960 年出生，推广研究员，1983 年毕业于哲里木畜牧学院，畜牧专业。

1983 年参加工作，在通辽市畜牧兽医科学研究所任副所长、通辽三元绿色畜牧有限责任公司（三元种猪场）担任总经理兼任总畜牧师，1997 — 2004 年 3 月负责该公司的筹建，全面负责公司的生产技术管理，制定了生产技术规程、饲养标准、饲料配方、疫病防治技术规程、种猪培育技术规程等；在内蒙古东部良种牛繁育中心担任主任，2004 — 2006 年专职负责筹建工作，完成场区的规划，负责牛舍、采精大厅、冻精室的设计与装备，经过 2 年的公关，建成布局合理、生产技术手段先进的国家一流种公牛站；在通辽市家畜繁育指导站任副站长兼任通辽京缘种牛繁育有限责任公司副总经理，负责生产管理、种牛育种、饲养、冻精生产等工作，解决多项生产技术问题，连续几年冻精生产数量质量均创历史最高水平；在内蒙古科尔沁肉牛种业股份有限公司任总经理，负责基地筹建及投入使用后的经营管理。先后担任第四届通辽市畜牧兽医学会常务理事兼秘书长，第一届通辽市养猪学会副理事长兼秘书长，中国畜牧学会会员、中国畜牧工程学会会员。

作为项目的主要负责人和参加人从事 12 项科研课题，主要有：西门塔尔种公牛选择方法的研究；西门塔尔牛选育提高；科尔沁牛新品种培育；中国美利奴羊新品种培育；金宝屯猪选育提高；羊伪结核病防治技术研究；瘦肉型猪杂交技术推广；瘦肉型猪高产模式饲养技术研究；肉鹅规模化饲养技术推广；奶牛性控冻冻精液配套技术推广；高效价优质饲草料品种引选及示范研究；黄牛增产增效综合配套技术推广应用等。在畜牧业工程建设"铁牛乡农区畜牧业盟委八大重点工程""通辽市三元种猪场建设工程""内蒙古东部良种牛繁育中心建设"等项目的可研、立项、建设、投产和经营中起到执笔、主持、管理等作用。被评为自治区 321 人才二层次，通辽市政府专家顾问。取得科研成果 7 项，撰写论文 15 篇，专著 3 篇。

完成瘦肉型猪杂交技术推广，获通辽市科技进步一等奖、内蒙古自治区科技进步三等奖、内蒙古自治区丰收计划三等奖；"瘦肉型猪高产模式饲养技术研究"获通辽市科技进步二等奖、内蒙古丰收计划三等奖；"肉鹅规模化饲养推广"获内蒙古丰收计划二等奖；"奶牛性控冻冻精液配套技术推广"获内蒙古丰收计划一等奖；"高效价优质饲草料品种引选及示范"获通辽市科技进步一等奖；"黄牛增产增效综合配套技术推广应用"获内蒙古丰收计划二等奖。

合著《家禽环境卫生学》（长春出版社）；主编《现代肉牛生产技术》（内蒙古科学技术出版社）；《饲草料种植与加工利用使用技术》任副主编（内蒙古科学技术出版社）。

工作期间独立完成发表多篇论文，《应激对种公牛繁殖机能的影响》发表于《中国畜禽种业》杂志 2012 年第 5 期；《种公牛站的发展机遇与挑战》发表于《现代畜牧兽医》杂志 2012 年第 5 期；《种牛口蹄疫防疫措施》发表于《中国畜牧兽医文摘》2012 年第 2 期；《热应激对种公牛繁殖机能影响与对策》发表于《当代畜牧》2012 年第 7 期；《种公牛站的发展机遇与对策》发表于《中国畜牧业》杂志 2012 年第 10 期；《北纬 43 度地区日光暖棚牛舍的设计及其环境评价》发表于《中国畜牧杂志》2006 年第 17 期；《生长抑素基因工程苗对育肥猪促生长效果》发表于《黑龙江畜牧兽医》2002 年第 3 期。

杨培勤　女，汉族，大学学历，农业技术推广研究员，1963 年 8 月出生，1986 年 7 月毕业于哲里木畜牧学院畜牧专业，1986 年 8 月参加工作于通辽市高林屯种畜场，1992 年 10 月调入市家畜繁育指导站至今。

任高级畜牧师以来，获成果奖励 9 项：吉林省科技进步二等奖 1 个，内蒙古自治区农牧业丰收一等奖 2 个，二等奖 3 个，三等奖 1 个，通辽市科技进步二等奖 1 个，三等奖 1 个。《兼用牛选创新技术体系建立及应用研究》项目获 2014 年内蒙古自治区科技进步奖，为第 6 完成人。在《中国牛业科学》《中国奶牛》《中国畜牧业》等国家级核心期刊及全国性学术会议上发表论文 14 篇。

孙鹏举　男 1963 年出生。1986 年毕业于内蒙古民族大学动物科技学院。国家农业技术推广研究员。

1986 － 1997 年在国家级重时种牛繁育场 — 通辽市高林屯种畜场工作。1997 年至今在通辽市家畜繁育指导站工作。毕业后一直从事科尔沁牛、中国西门塔尔牛新品种选育和推广；奶牛、肉牛模式化饲养技术研究和推广；牛羊饲料添加剂和浓缩饲料的研究和推广工作。主持或参加各类科研推广课题 13 余项。获得全国农牧

鱼业丰收一等奖一次。获内蒙古丰收二等奖等多次省市级奖励。在《中国畜牧杂志》《中国奶牛》《中国饲料》《中国畜牧兽医》等国家核心期刊发表论文 30 余篇。

2. 高级畜牧师

包牧仁 男，蒙古族，中共党员，1962 年 9 月出生于通辽市科左中旗，1985 年毕业于内蒙古农业大学（原内蒙古农牧学院）畜牧系畜牧专业，1998 年高级畜牧师。现任通辽市家畜繁育指导站副站长。

参加工作以来，先后主持参加的科研、科技推广 20 多项，获内蒙古人民政府二等功 1 次，内蒙古农牧业丰收奖 5 项，通辽市科技进步奖 2 项。20 世纪 80—90 年代主要引进、纯繁与扩群荷斯坦奶牛和科尔沁牛，参加科尔沁牛和罕山白绒山羊新品种培育；21 世纪初畜牧业科研；从 2005 年开始家畜改良、牛羊养殖及技术推广工作。

参加全市荷斯坦奶牛和科尔沁牛攻关办公室及技术团队，引进、纯繁与扩群科研，哲盟模式化饲养奶牛、内蒙古十万头奶牛阶段饲养技术推广，分别获哲盟行政公署科技进步一等奖和内蒙古畜牧业丰收三等奖；参加科尔沁牛和罕山白绒山羊新品种培育，分别获内蒙古自治区科委、农委（畜牧厅）三等奖；参加内蒙古畜牧业防灾基地建设，获内蒙古政府个人二等功；2002 年、2002 年分别评为内蒙古自治区"321 人才工程"第三层次人选；2002 年参加规范化牛舍建设研究，获通辽市科技进步三等奖；2006 年主持通辽市白鹅饲养技术推广，获内蒙古农牧业丰收二等奖，2014 年协助主持羊冷配技术推广应用，获内蒙古农牧业丰收三等奖，2015 年协助主持科尔沁牛选育及肉牛育肥技术集成推广，获内蒙古农牧业丰收二等奖，2016 年中国西门塔尔牛（草原类群）肉用品系选育与推广应用，获内蒙古农牧业丰收二等奖；主编《科尔沁肉羊标准汇编》一书，在中国农业出版社出版，副主编《规模化生猪养殖技术》一书，在内蒙古科学技术出版社出版；撰写学术论文 20 余篇，有 10 篇在国家核心及省部级刊物上发表，部分制定并编写《通辽市农牧业优势特色产业——科尔沁肉羊标准》。

王景山 男，1963 年 9 月出生，毕业于哲里木畜牧学院，高级畜牧师。

2001 年参加的"瘦肉型猪杂交技术推广"项目，获通辽市科技进步一等奖；2005 年参加的"规模化优质肉牛育肥技术研究与应用"项目，获通辽市科技进步三等奖；2006 年参加的"瘦肉型猪高产饲养技术示范"项目，获内蒙古自治区丰收计划三等奖；2007 年参加的"肉鹅规模化饲养技术研究"项目，获内蒙古自治区丰收计划贰等奖；2011 年参加的"'十一五'时期黄牛增产增效综合配套技术应用研究"项目，获内蒙古丰收计划二等奖；2011 年参加的"高效价优质饲草料品种引选及示范研究"项目获通辽市科技进步一等奖。2013 年参加的"通辽市肉牛增产增效综合配套技术研究与推广"项目获内蒙古丰收计划一等奖；2015 年参加的"科尔沁牛选育及肉牛育肥技术集成推广"项目获内蒙古丰收计划二等奖；2016 年参加的"中国西门塔尔牛肉用性能研究与产业化开发"项目获通辽市科技进步一等奖；2016 年参加的"科尔沁牛本品种选育提高"项目，获得通辽市科技进步三等奖；2016 年参加的"内蒙古优质肉牛繁育关键技术集成推广"项目，获国家农业部农牧渔业丰收三等奖。

在《中国西门塔尔牛》《内蒙古民族大学学报》《当代畜禽养殖业》《中国牛业科学》《中国畜牧业》《华北农学报》等刊物，先后发表论文十余篇。

　　张志宏　女，蒙古族，中共党员，1965 年出生于内蒙古奈曼旗。1989 年毕业于沈阳农业大学畜牧专业，就职于通辽市家畜繁育指导站。2002 年评为高级畜牧师。现任通辽市家畜繁育指导站副总畜牧师。

　　1989 年参加工作以来，先后从事牛冷冻精液生产、牛冷冻精液品质检测、牛羊改良及繁育技术推广等工作。撰写冷冻精液生产、质量检测、科尔沁牛饲养管理技术、羊胚胎移植等方面论文，在国家专业期刊杂志发表。参加科尔沁牛推广、科尔沁牛本品种选育提高、中国西门塔尔牛（草原类型群）选育及提高、内蒙古肉牛繁育技术集成推广、肉羊胚胎移植技术应用示范等项目，获通辽市科技进步奖、内蒙古自治区丰收奖和农业部丰收奖。

　　刘永旭　男，1964 年 8 月出生，汉族，中共党员，1985 年毕业于哲里木畜牧学院，农学学士学位，高级畜牧师。

　　参加工作三十多年来，一直从事家畜繁殖育种、中国西门塔尔牛——科尔沁型培育及推广、科尔沁肉牛培育。

　　1997 年被评为站先进工作者；1991—2000 年被授

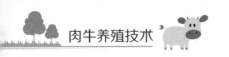

予中国西门塔尔牛育种委员会先进工作者。

参加"库伦驴选育提高"项目，获哲里木行署二等奖；参加"科尔沁牛新品种培育"科研课题，获内蒙古自治区政府二等奖；2001 年"科尔沁牛推广"获通辽市人民政府科技进步一等奖；2004 年"中国西门塔尔牛草原类群培育"获通辽市人民政府科技进步一等奖；2001 年"科尔沁牛推广"获内蒙古农牧业丰收二等奖；2005 年"草地肉牛产业化开发与推广"获内蒙古农牧业丰收二等奖；2015 年"科尔沁牛选育及肉牛育肥技术集成推广"获内蒙古农牧业丰收二等奖。

发表的论文：1991 年合著《哲里木盟西门塔尔牛及其利益》收录在中国农业出版社出版的《中国西门塔尔牛育种进展》一书；合著《西门塔尔牛血清中AKP\Ca 和 P 的分布规律》发表于《中国奶牛》1993 年第 6 期；合著《肥牛乐肉牛添加剂育肥牛增重试验报告》发表于《中国西门塔尔牛》1998 年第 4 期；合著《关于肉牛业发展模式的探讨》发表在《中国畜牧杂志》2007 年增刊。

1993—1998 年在"中国西门塔尔牛"杂志社编辑部任责任编辑，在这期间共编辑出版《中国西门塔尔牛》24 期。

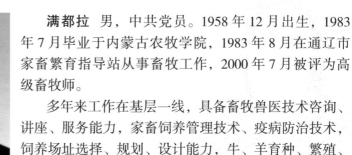

满都拉　男，中共党员。1958 年 12 月出生，1983 年 7 月毕业于内蒙古农牧学院，1983 年 8 月在通辽市家畜繁育指导站从事畜牧工作，2000 年 7 月被评为高级畜牧师。

多年来工作在基层一线，具备畜牧兽医技术咨询、讲座、服务能力，家畜饲养管理技术、疫病防治技术、饲养场址选择、规划、设计能力，牛、羊育种、繁殖、生产管理能力。

2006 年被评为先进科技工作者；2010 年 3 月被授予全市农牧业科技工作先进工作者；2012 年 3 月被评为全市学习使用蒙古语言文字先进个人。

2010 年"奶牛性控冷冻精液配套技术推广"获内蒙古农牧业丰收一等奖；2011 年"十一五时期黄牛增产增效综合配套技术推广与应用"获内蒙古自治区农牧业丰收二等奖；2013 年"通辽市肉牛增产增效综合配套技术研究与推广"获内蒙古自治区农牧业丰收一等奖。

工作期间发表多篇论文：《浅析犊牛饲养管理过程中存在的问题与技术要点》发表于《科学种养》2014 年第 3 期；《精液稀释倍数对精子活力及母羊受胎率的影响》发表于《当代畜牧》2014 年第 3 期；《利用胚胎移植技术生产肉用种

羊》发表于《中国奶牛》2012年第10期；《通辽市母牛繁殖成活率情况调查报告》发表于《中国农业科学》2011年第5期；《奶牛性控冻精配种试验效果分析》发表于《中国畜牧业》2014年第9期；《通辽市半农半牧区母牛养殖模式》发表于《中国畜牧业协会牛业分会》2012年第9期。

李淑岩　女，1964年1月24日生，汉族、中共党员。1985年毕业于哲里木畜牧学院，农学学士学位，高级畜牧师。

参加工作三十多年来，一直从事家畜改良工作，全面了解和掌握家畜繁殖育种技术，运用先进的畜牧业适用技术指导生产实践，具有扎实的专业理论知识，有针对性开展家畜繁育改良技术培训。在科研课题中，撰写科研可行性分析报告、专题总结报告、实验报告、学术报告和专业论文，特别是对羊毛理化性能进行了大量的试验分析和数据整理，显著提升家畜繁殖育种工作的科技含量和发展进程，为通辽市细毛羊新品种培育、技术推广做出了较大的贡献。近年来，在牛冷冻精液生产销售、种牛培育等专业技术工作，发挥了积极的促进作用，在国内率先开展了肉用种公牛后裔测定工作，历经四年的生产实践，收集大量的试验数据，为探索全国肉牛后裔测定测定积累了宝贵的经验。先后担任通辽市家禽繁育指导站猪禽改良科科长、行政办公室主任、党办主任、京缘种牛繁育有限责任公司销售部经理、办公室主任、质管部经理。曾参加过科尔沁细毛羊新品种培育、罕山白绒山羊新品种培育、科尔沁牛新品种培育、中国西门塔尔牛草原类型群选育等地方、自治区和国家科技课题。曾获通辽市人民政府科技进步一等奖2次，获内蒙古农牧业丰收一等奖2次、二等奖3次，科技工作一等奖1次，三等奖3次，2001年获通辽市人民政府黄牛冷配工作先进个人荣誉称号，2001年入选自治区"321"人才工程第三层次人选。

多次在国家核心期刊级及报刊上发表学术论文。合著《中国西门塔尔牛草原类型群生长模型拟合》发表在《中国畜牧兽医》1997年第5期；合著《整合资源构建肉牛产业体系》发表在《中国畜牧兽医报（牛羊业）》2007年第8期；独著《通辽市肉牛产业发展的新思路》发表在《中国农村经济》2008年增刊；独著《通辽市肉牛发展的对策》发表在《第三届中国现代化肉牛经济论坛论文集》2009年；独著《牛冷冻精液细菌控制措施》发表在《兽医导刊》2017年总第272期；独著《肉牛后裔测定试验》发表在《兽医导刊》2017年总第276期。

杨景芳 男，蒙古族，1965 年出生，高级兽医师，1990 年毕业于内蒙古农业大学。

2001 年被评为全国农业广播电视教育先进工作者；2002 年 12 月入选自治区 21 世纪"321 人才工程"人选。2004 年当选中国人民政治协商会议通辽市第二届委员会常务委员；2004 年和 2006 年被聘为通辽市第一届和第二届知名商标认定委员会委员；2005 年开始被通辽市政府纠风办聘为通辽市行风评议员。

先后担任在通辽市绿色食品发展中心副主任，负责有机、绿色食品、无公害食品的开发和管理工作，组织实施了 2002—2004 年通辽市科委立项的"50 万亩安全农产品标准生产栽培技术推广"项目；2005 年申请立项课题：申报 120 万亩安全农产品产业化示范与推广项目；有机绿豆荞麦和绿色食品红干椒标准化生产栽培技术各 20 万亩示范推广三个项目。有机、绿色农产品标准化栽培技术推广项目获农业丰收三等奖。担任机技术推广站副站长主要负责农机技术职业技能鉴定、培训、产品质量监督、投诉受理和市场管理工作。担任市家畜繁育指导站种畜禽管理科科长，对种畜禽生产、经营、使用活动；对畜禽饲养环境、种畜禽质量、饲料和兽药等投入品的使用以及畜禽交易与运输的监督管理。参加《科尔沁肉羊新品种培育》科技项目；《羊冷冻精液生产与推广建设》项目；《奶牛 x 性控冻精人工受精技术应用与推广》项目。

2008 年领导通辽市第一次农业污染源普查畜禽养殖业工作，并获得第一次污染源普查国家级先进工作者奖。

2007 年《有机、绿色农产品标准化栽培技术推广》项目获自治区农牧业丰收三等奖；

在《内蒙古兽医》上发表论文《猪坏死性皮炎诊断治疗》和《猪乳房硬性纤维瘤手术切除》；在《当代畜禽饲养》上发表论文《小尾寒羊产前产后卧地不起症的治疗》；在《中国兽医杂志》上发表论文《小尾寒羊妊娠败血症的诊治》；撰写的论文《挖掘招生潜力、拓展招生渠道》在东北地区农（林）广播电视教育研究会 2000 年年会论文评选中获一等奖。

白芙蓉 蒙古族，1962 年出生，高级畜牧师，1988 年毕业于内蒙古农业大学畜牧专业。

1988 年参加工作，从事家畜改良和冻精生产与质检工作。2002 年被评为高级畜牧师。2001 年参与"优

质高产细毛羊生产综合配套技术推广"项目获得自治区农牧业丰收三等奖；2006年参与通辽市白鹅饲养技术推广项目获得自治区农牧业丰收二等奖；2014年参与羊冷冻精液生产与推广建设项目获得通辽市科学技术进步二等奖；2016年参与中国西门塔尔牛（草原类群）肉用品系选育与推广项目获得自治区农牧业丰收二等奖。

工作期间发表多篇论文，《中国西门塔尔牛体型性状参数估计及其与产奶量关系的研究》《哲盟科尔沁地区奶牛输精的最适时间》发表于《中国奶牛》1997年第4期；《如何选择和使用牛冷冻精液》发表于《当代畜禽养殖业》2001年第9期；《硒对布列坦尼亚仔兔生长性能的影响》发表于2000年第4期；《牧民应重视合理使用草牧场》发表于《内蒙古畜牧业（蒙语）》2000年第10期；《解冻牛冷冻精液的几项操作规程》发表于《内蒙古畜牧业（蒙语）》2001年第3期。

王雪红　女，1967年出生，高级畜牧师，1997年毕业于哲里木畜牧学院，畜牧专业。

1987年参加工作，从事家畜改良工作。参与"优质细毛羊生产综合配套技术"项目获内蒙古丰收计划项目三等奖；"优质高产细毛生产综合配套技术推广"项目获内蒙古农牧业丰收计划三等奖；"通辽市白鹅饲养技术推广"项目获内蒙古农牧业丰收计划二等奖；"优质细毛羊选育及良种繁育体系建设"项目获自治区农牧业丰收计划一等奖；"中国西门塔尔牛（草地类群）培育"项目为主要完成人；2007年获得家畜改良工作先进工作者；2016年入选内蒙古新世纪"321人才工程"人选。

工作期间发表多篇论文：《3种检验方法测马传贫免疫抗体的效果观察》发表于《中国兽医杂志》2000年第6期；《如何选择和使用牛细管冷冻精液》发表于《当代畜禽养殖》2001年第9期；《一起仔猪硒缺乏症的诊断报告》发表于《内蒙古兽医》2002年第3期；《密集浸入式精液程控冷冻仪的应用探讨》发表于2004年《全国畜牧兽医论文选》；《对通辽市基础母牛繁殖成活率的调研》发表于《中国畜牧业》2012年第4期；《2006年"中国西门塔尔牛育肥技术模式探讨》《西门塔尔牛高产奶牛瘤胃酸中毒及其调控措施》论文被收入中国西门塔尔牛育种委员会第七届会员代表大会论文集中。

包桂英　蒙古族，1964年出生，高级兽医师，1984年毕业于扎兰屯农牧学校牧医专业，2006年毕业于梨树农村成人高等专科学校畜牧兽医专业。2013年被

评为高级兽医师。

1984 年参加工作以来，一直从事畜牧及畜产品输出检疫和动物疫病防治工作。

工作期间发表《现代畜牧业的内涵及特征浅析》《科尔沁细毛羊"猝死症"的 PCR 快速检测》《甲拌磷对斑马鱼胚胎的毒性研究》《调制秸秆与秸秆粉和酒糟饲喂育肥牛对比试验报告》《北方日光暖棚牛舍的设计及其环境评价》5 篇论文。

参与撰写《饲草料种植与加工利用使用技术》《通辽市肉猪标准汇编》两部著作。

张忠祥 1981 年毕业于吉林省农业学校兽医专业，1985—1987 年在哲里木畜牧学院畜牧专业学习，高级畜牧师。

2006 年获内蒙古自治区十佳特派员；2007 年获 UNDP 项目优秀科技特派员；2009 年获全国优秀科技特派员；2011 年获全区优秀科技特派员；2013 年《库伦驴良种繁育及标准化饲养技术推广》获通辽市适用技术推广应用奖；2015 年参与《科尔沁牛选育及肉牛育肥》获内蒙古农牧业丰收二等奖；并在工作期间发表多篇论文。

郭　杰　女，汉族，1981 年生，高级畜牧师，2008 年毕业于延边大学，动物遗传育种与繁殖专业，全日制硕士研究生。2008 年 11 月通过通辽市人才储备考试到通辽市家畜繁育指导站工作。参加工作以来一直从事畜牧业实用增产技术推广及各项畜牧业惠农惠牧政策和项目实施等工作。

2011 年被农业部畜牧业司授予"全国畜牧业统计监测预警工作先进个人"。参与的"通辽市肉牛增产增效综合配套技术研究与推广项目"在 2013 年获得内蒙古农牧业丰收奖一等奖；参与的"科尔沁牛选育及肉牛育肥技术集成推广项目"在 2015 年获得内蒙古农牧业丰收奖二等奖。2013—2014 年参与编订《通辽市农牧业优势特色产业标准》：《科尔沁肉牛兽医防疫准则 DB1505/T 066—2014》《种驴性能测定和等级评定技术规范 DB1505/T 128—2014》《驴冷冻精液生产技术规

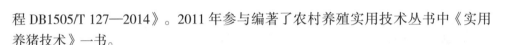

程 DB1505/T 127—2014》。2011 年参与编著了农村养殖实用技术丛书中《实用养猪技术》一书。

工作期间发表多篇论文，《通辽市肉牛产业发展现状及对策》发表于《现代农业科技》杂志 2012 年第 19 期；《黄牛供体细胞处理及冷冻保存对核移植率的影响》论文发表于《中国畜禽种业》杂志 2012 年第 10 期；《通辽市肉牛产业发展情况》论文发表于《中国畜牧业》杂志 2014 年第 11 期；《浅谈通辽市现代畜牧业发展情况》论文发表于《中国畜禽种业》杂志 2015 年第 3 期；《北方日光暖棚牛舍的设计及环境评价》发表于《中国畜禽种业》杂志 2011 年第 9 期；《调制秸秆与秸秆粉和酒糟饲喂育肥牛对比试验报告》发表于《内蒙古民族大学学报》2011 年第 5 期。

二、平台建设

1. 通辽市家畜繁育指导站

通辽市家畜繁育指导站始建于 1974 年，占地 220 亩，固定资产 5000 万元。现有职工 78 人，其中专业技术人员 38 人，在专业技术人员中推广研究 4 人，高级畜牧师 12 人，中、初级畜牧师 20 人，集以畜牧业适用技术推广、牛冻精生产、种畜禽管理、科研、培训、养殖技术服务为一体的事业单位。

建站近 40 年来，先后主持培育了科尔沁牛、科尔沁细毛羊、罕山白绒山羊、中国西门塔尔牛草原类群、中国美利奴羊科尔沁型 5 个新品种，累计获得国家、内蒙古自治区、通辽市级科技进步、丰收计划等奖项 52 项。

通辽市家畜繁育指导站是首批国家重点种公牛站，也是全国最大的西门塔尔种公牛站。站内配备德国、日本进口系列冷冻精液生产先进设备。通辽市家畜繁育指导站生产的牛冻精支撑着科尔沁牛产业、西门塔尔牛产业和科尔沁牛业这一驰名商标。从 1958 年开始有计划地开展牛本交改良，1974 年开始开展冷配试点，2001 年市政府决定发情母牛全部实行冷配，这在通辽牛改良史上具有里程碑意义，加大了改良速度，提升了黄牛质量。目前，通辽市建有冷配站点 2419 个，年冷配母牛 57 万头。黄牛改良已走在全国前列，原农业部副部长洪绂曾亲笔题词"中国西门塔尔牛之乡"。推广绵山羊人工授精技术、山羊冷配技术、猪人工授技术。建立并形成市、旗县、乡镇、嘎查村四级改良推广体系。建立遍布全市牛冷冻精液推广网络，使牛冷配技术在全市快速大面积推广，牛改良技术推广工作一直处于全国前列。2001 年全市牛全部实现冷配，是自治区最先实现牛全部冷配的盟市。

近年来，通辽市将肉牛产业确立为主导、富民产业，将肉牛养殖作为农牧民增收的骨干产业来抓，加快发展质量效益型现代畜牧业，突出发展肉牛产业，强

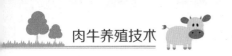

力打造"中国肉牛第一大市"。

2. 通辽京缘种牛繁育有限责任公司

通辽京缘种牛繁育有限责任公司成立于 2006 年 9 月，由通辽市家畜繁育指导站和北京奶牛中心共同出资组建的股份制企业。前身是通辽市家畜繁育指导站生产科——通辽市种公牛站。根据内蒙古自治区政府主席办公会议精神，2003—2005 年内蒙古自治区发改委和财政厅投资 2 200 万元，在原通辽市种公牛站的基础上，组建了"内蒙古东部区良种牛繁育中心"，更新补充牛冷冻精液生产设备，新建场房、牛舍、运动场及采精厅，形成了一个具有国内一流水平的种公牛生产基地，为本地区乃至我国东北地区养牛业的发展中发挥应有的作用。公司本着强强联合、优势互补、风险共担、利益均沾原则，经通辽市人民政府批准，通辽市家畜繁育指导站与北京奶牛中心达成协议，双方共同出资建立"通辽京缘种牛繁育有限责任公司"。主要生产销售优质牛冷冻精液，于 2007 年 1 月在通辽市工商行政管理局注册。公司成立后，实行现代企业经营管理办法，对原有种公牛生产和经营方法进行改革，升级和改造牛冷冻精液生产设备和生产技术，调剂和更新种公牛血统，合理配置公司组织机构，健全、规范企业各项管理制度，确保生产符合国家标准的牛冷冻精液产品。现存栏西门塔尔、夏洛来和安格斯种公牛近 120 头，年生产合格冷冻精液 150 万剂以上。2010 年 5 月公司通过了ISO9001:2008 国际质量管理体系认证，6 月获得了北京新世纪认证有限公司颁发的认证证书。

2016 年国家良种补贴项目入围牛总数 39 头，其中兼用型西门塔尔 23 头、肉用型西门塔尔牛 14 头、安格斯 2 头。公司拥有技术人员 11 人，占职工总数的44%，其中高级职称 4 人，中级职称 5 人，初级职称 2 人。公司一贯坚持"高质量、高效益、高信誉"的经营理念，全力做到"三个一流"，即饲养一流的种牛、生产一流的产品、做好一流的服务，力求为我国养牛事业贡献应有的力量。

公司入股内蒙古科尔沁肉牛种业股份有限公司，利用 3~4 年将实现基础母牛存栏 400 头、种公牛存栏 200 头、养殖总量 1000 头、年供种能力 200 头、年生产冷冻精液 300 万剂。主要利用人工授精、胚胎移植、活体采卵和体外受精等现代繁育技术培育肉用种牛、批量生产胚胎、实现冷冻精液、个体种牛、胚胎、技术服务等多元化产品模式，打造肉牛新品种。

3. 内蒙古科尔沁肉牛种业股份有限公司

内蒙古科尔沁肉牛种业股份有限公司成立于 2014 年 11 月，注册资金 4 800万元，位于通辽市科左中旗花吐古拉工业园区，距通辽市主城区 40 千米，占地1 550 亩。

2015 年 6 月肉牛种业项目开工建设。该项目以自治区和通辽市两级财政资金为主，吸收少量企业资金入股，总投资 1.69 亿元，主旨是建设"全国一流，世界先进"的肉牛种业园区，是通辽市 2015 年重时建设项目之一。建设包括种公牛站、核心育种场、综合实验楼和配料中心，开工当年即部分投入使用，2016年 10 月底全部完工。园区设计规模为基础母牛存栏 400 头、种公牛存栏 200 头、养殖总量 1 000 头、年供种能力 200 头、年产冷冻精液 300 万剂。园区还将以肉牛展览馆、网络和多媒体等形式展示现代饲养管理、育种技术和种业产品，在业内起到示范作用。

种牛生产主要利用人工授精、胚胎移植、活体采卵（OPU）和体外受精（IVF）等现代繁殖技术培育肉用种牛，实现冷冻精液、个体种牛、胚胎、技术服务等多元化产品模式，丰富肉牛种业产品市场，培育肉牛新品种，塑造"科尔沁肉牛"品牌，实现自主育种，结束种牛依赖进口的历史。在科研方面，成立遗传育种实验室，尝试将"克隆"技术用于育种生产，促进科研成果转化。

公司于 2016 年 1 月开始用美系西门塔尔、美系和牛等肉牛胚胎进行胚胎移植生产，2017 年上半年已出生犊牛 71 头，至 2017 年年末，将达到 110 余头；2017 年 3 月开始用澳洲母牛作为卵子供体进行 OPU 体外胚胎生产，上半年已成功生产胚胎 62 枚，至 2017 年年末，将达到 100 余枚，初步具备批量生产条件，同时第一头自产"试管牛"将在年底前出生。截至 2017 年 6 月底，园区存栏规模种公牛 128 头、澳洲进口母牛 56 头、胚胎移植后代 71 头（包括断奶后育成牛）、本地受体母牛 210 头，总计 465 头。今后主要工作扩大 OPU 生产规模，加快繁殖速度，迅速扩群，确保三年内达到设计规模。

公司立足于一流人才、一流设备、一流种牛"三个一流"，实施现代化管理，全力打造集科研、生产、推广、示范等多功能于一身的肉牛育种平台，立足地方，服务全国。

4. 科尔沁肉牛科学研究院

科尔沁肉牛科学研究院成立于 2013 年 12 月 24 日，通辽市委常委、市政府常务副市长孙振云兼任研究院院长，由通辽市农牧业局局长刘凤武、通辽市农牧业局副局长孙福全和通辽市家畜繁育指导站站长戴广宇兼任研究院副院长，通辽市直各有关单位主要专业技术人员统一纳入科尔沁肉牛科学研究院技术研发队伍。

科尔沁肉牛科学研究院是为通辽市肉牛产业科技进步与发展献计献策。主要承担通辽市肉牛产业及肉牛生物种业发展战略的咨询和建议，解决肉牛产业发展的重大关键技术难题，开展技术交流与合作，共建人才培养基地和产业技术平台，为加快我市现代肉牛产业体系建设、整合肉业发展技术要素、合理配置现有资源、创新科技与服务体系运行模式提供科学技术支撑，促进肉牛产业快速发展。

科尔沁肉牛科学研究院工作：一是建立院士专家工作站，邀请中国农业科学院、中国工程院的专家团队与通辽京缘种牛繁育有限责任公司建立肉牛种业院士专家工作站，以此为平台，在科尔沁肉牛品种培育和肉牛分子遗传育种、转基因育种等方面加快通辽市肉牛产业科技创新步伐。二是探讨和研究肉牛杂交繁育体系，开展杂交组合实验。利用安格斯牛、利木赞、和牛与西门塔尔牛进行品种杂交，找到肉牛最优杂交组合；研究和制定科尔沁肉牛杂交生产模式。利用西门塔尔牛品系间杂交（即美系、加系、澳系间杂交）建立西门塔尔牛肉用品系，培育适合通辽地区的专门化肉牛新品系。三是提高母牛繁殖成活率。通过开展"母牛健康保健行动计划"，改善饲养管理条件、强化卫生防疫制度以及提高犊牛饲养管理综合技术措施等，提高母牛繁殖成活率。四是建立"科尔沁肉牛综合试验站"。选择饲养规模较大，生产条件较好，技术力量较强的西门塔尔牛繁殖场作为科尔沁肉牛综合试验站，运用现代肉牛生产技术，如信息追溯系统平台、基因组与性状相关检验、分子生物育种工程等，并运用冷冻精液人工授精技术、胚胎移植技术迅速推广育种成果。五是开展优秀种公牛后裔测定。在全国率先开展了肉用种公牛后裔测定，制定了后裔测定技术规范。

科尔沁肉牛科学研究院立足于通辽，面向全国，致力于肉牛产业的科技创新与发展。

三、现代畜牧业科技园区与基地

1. 现代畜牧业科技园区建设

内蒙古科尔沁肉牛种业股份有限公司成立于 2014 年 11 月 3 日，占地 1 550 亩。2015 年 6 月，公司以自治区和通辽市两级财政资金为主，同时吸收少量企业资金，共投资 1.69 亿元建设肉牛种业园区，主旨是打造"全国一流、世界先进"的肉牛育种平台，是通辽市 2015 年重点建设项目之一。项目建设内容包括种公牛站、核心育种场、综合实验楼和配料中心，当年即部分投入使用，2016 年 10 月底全部完工。园区设计规模为基础母牛存栏 400 头、种公牛存栏 200 头、养殖总量 1000 头、年供种能力 200 头、年产冷冻精液 300 万剂。

公司主要利用人工授精、胚胎移植、活体采卵（OPU）和体外受精（IVF）等现代繁殖技术生产胚胎和培育肉用种牛，以冷冻精液、种牛个体、胚胎、技术服务等多元化产品模式丰富肉牛种业产品市场，塑造"科尔沁肉牛"品牌，实现自主育种，结束种牛依赖进口的历史。2015 年 11 月首批胚胎移植受体牛进场，公司开始运营；2016 年 1 月开始胚胎移植，当年 10 月第一头美系犊牛出生；2016 年 5 月澳洲进口育成母牛进场，2017 年 3 月开始用澳洲母牛作为卵子供体进行 OPU 胚胎生产并获得成功，标志着公司已具备批量生产体外胚胎的条件，一个新的时代开启。

　　公司成立遗传育种实验室，尝试将"克隆""基因敲击"等分子遗传技术用于育种生产，促进科技成果转化，优化遗传资源。

　　公司将通过与中国农业大学、廊坊开发区盛隆生物科技有限公司以及其他有志于肉牛育种的高等院校、科研院所和企业展开合作，全力打造集科研、生产、推广、示范等多功能于一身的肉牛育种平台，培育自主肉牛品种，立足地方，服务全国。

内蒙古科尔沁肉牛种业股份有限公司

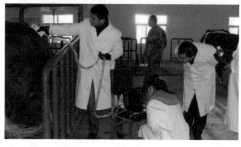

通辽京缘种牛繁育有限责任公司

2.现代畜牧种源基地建设

中国西门塔尔种公牛

科尔沁种公牛

中国美利奴羊——科尔沁型

罕山白绒山羊

科尔沁细毛羊

3.现代家畜改良基地

母牛群

犊牛群

牛人工授精点

规模养牛

肉羊养殖

育肥牛

标准化养牛

牛市场交易　　　　　　　　　　　牛羊养殖饲草储备

科尔沁肉牛屠宰加工

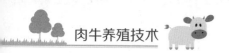

"科尔沁肉牛标准体系"共收集190项标准，其中，新制定通辽市农业地方标准28项，引用国家标准104项、行业标准51项、自治区地方标准7项，内容涵盖肉牛全产业，按不同产业环节划分为基础综合类标准24项、环境与设施类标准28项、养殖生产类标准39项、精深加工类标准10项、产品质量类标准29项、检验检测类标准45项、流通销售类标准15项。

肉牛标准化

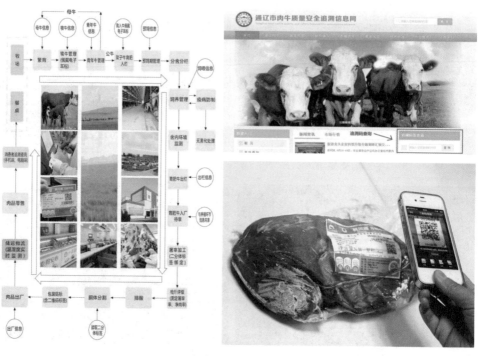

肉牛质量安全追溯

标准化奶站

畜牧科技培训

赛牛

表彰与荣誉

领导关怀

四、家畜改良科技成果

科技成果

1. 品种培育

科尔沁牛 产于通辽市科左后旗、科左中旗、扎鲁特旗、开鲁县和科尔沁区等旗、县、区。1990 年 8 月自治区人民政府验收命名为"科尔沁牛"新品种，数量约 10.5 万头。该品种属乳肉兼用型品种，成年公牛平均体高 147 厘米，体重 808.8 千克，母牛体高 129 厘米，体重 425 千克。在半舍饲条件下 208 天平均产奶量 3 210.8 千克，乳脂率 4.17%，18 月龄阉牛屠宰率为 53.3%，净肉率 41.9%。（资料来源于内蒙古农牧业厅）

中国美利奴羊（科尔沁型） 产于通辽市嘎达苏种畜场。采用级近杂交培育而成。1985 年 6 月自治区人民政府验收命名为"中国美利奴羊"（科尔沁型）新品种，同年 12 月国家正式命名为同名。羊毛品质好，已接近中等澳美羊水平。数量约为 2 万只。成年公羊平均产污毛 18.9 千克，毛长 11.8 厘米，母羊产污毛 6.7 千克，毛长 9.7 厘米，细度为 64 支为主，净毛率 54.87%，产羔率 110.8%。

科尔沁细毛羊 产于通辽市奈曼旗、科左中旗、开鲁县和科尔沁区等地。1987 年 4 月，自治区政府验收命名为"科尔沁细毛羊"新品种，1988 半后导入澳美羊血液。数量达 24.8 万只。科尔沁细毛羊成年公羊毛长 11.5 厘米，污毛量 11.46 千克、剪毛后体重 68.8 千克、成年母羊毛长 9.48 厘米，污毛量 5.75 千克（净毛量 3.0 千克），剪毛后体重 42.4 千克，羊毛细度以 60~64 支为主，净毛率为 51.4%，产羔率 110%~120%。

罕山白绒山羊 分布于赤峰市、通辽市扎鲁特旗、霍林郭勒市和库伦旗等，1995 年 9 月内蒙古自治区人民政府验收命名为"罕山白绒山羊"新品种，数量约 120 万只。成年公羊平均产绒量 708 克，绒厚 5.54 厘米，母羊产绒 487 克，绒厚 4.73 厘米，抓绒后体重公羊 47.25 千克，母羊 32.38 千克，净绒率为 73.71%，羊绒细度 14.72 微米，屠宰率 46.46%，产羔率 109%~119%。（资料来源于内蒙古农牧业厅）

中国西门塔尔牛（草原型） 通辽市（原哲里木盟）从 1958 年开始引进的苏系、德系、法系与当地蒙古牛进行级进杂交，对高代改良牛的优秀个体进行选种和选配培育成科尔沁牛。之后，对科尔沁牛选育提高，培育出乳肉兼用中国西门塔尔牛——草原类群新品种，2002 年国家品种审定委员会命名为"中国西门塔尔牛"。

全市中国西门塔尔牛草原类群种群数量 72.7 万头，核心群 2.3 万头。犊牛出生重公牛 35~48 千克，母牛 34~49 千克；周岁平均体重 325 千克；18 月龄体重 496~650 千克，成年公牛体高 142 厘米，体重 1 100~1 300 千克，母牛体高 132 厘米，体重 448~487 千克。成年母牛在半舍饲条件下泌乳天数 150~180 天，产奶量 3 000~3 700 千克，乳脂率 4%~4.2%。犊牛在半舍饲条件下平均日增重 900~1000 克，18~22 月龄公牛舍饲育肥条件下日增重平均 1 300 克，屠宰率平均 55.95%，净肉率平均 57%，强度育肥屠宰率平均 59%。（资料来源于内蒙古畜牧工作站品种资源志）

2. 科技成果

1982 年度《羊早期胚胎移植外科手术研究》获内蒙古科学技术进步三等奖，通辽市家畜繁育指导站为主要完成单位。

《牛冷冻精液克 B4143-84》获国家标准科技成果二等奖，通辽市家畜繁育指导站获奖单位之一。

1990 年度《模式化饲养奶牛》获通辽市科学技术进步一等奖，通辽市家畜繁育指导站为主要完成单位。

1993 年度《库伦驴选育提高》获通辽市科学进步三等奖，由通辽市家畜繁育指导站等几个单位共同完成。

1993 年度《科尔沁牛》获中国国家技术委员会颁发的中国科学进步三等奖，由通辽市家畜繁育指导站等几个单位共同完成。

1993 年度《提高内蒙古自治区细毛羊生产性能及建立繁育体系的研究和推广》获内蒙古自治区科学技术进步二等奖，受奖单位为哲里木盟细毛羊科技攻关执行组，通辽市家畜繁育指导站为细毛羊科技攻关主要单位。

1994 年度《稀土在养殖业中的推广应用》获内蒙古自治区星火三等奖，由通辽市家畜繁育指导站等几个单位共同完成。

1994 年度《哲里木盟西门塔尔牛染色体 1/29 异位的发现》获通辽市科学技术进步二等奖，通辽市家畜繁育指导站为主要完成单位。

《中国美利奴羊新品种推广》获中华人民共和国农业部全国农牧渔业丰收二等奖，通辽市家畜繁育指导站为第三完成单位。

2001 年度《良种牛及配套增产技术》获中国农业部颁发的全国农牧渔业丰收奖二等奖，通辽市家畜繁育指导站为第五完成单位。

在提高牛繁殖成活率技术中做出突出贡献，被内蒙古自治区农牧业厅授予科学进步三等奖，通辽市家畜繁育指导站为主要完成单位。

2002 年度《中国西门塔尔牛新品种选育》获北京市科学技术一等奖，由北京市人民政府批复，中国农业科学院畜牧研究所、内蒙古通辽市家畜繁育指导站等十五个单位合作完成。

2002 年《中国西门塔尔牛新品种选育》获中国农业科学院科学技术一等奖，

通辽市家畜繁育指导站为第二完成单位。

2004 年度《中国西门塔尔牛草原类群的培育》获内蒙古农牧业科学技术进步一等奖，通辽市家畜繁育指导站为主要完成单位。

2005 年《草地肉牛产业化开发与推广》获内蒙古自治区农牧业丰收二等奖，通辽市家畜繁育指导站为主要完成单位。

2006 年度《通辽市白鹅饲养技术推广》获内蒙古自治区农牧业丰收二等奖，通辽市家畜繁育指导站为第一完成单位。

2009 年度《兼用牛选育技术创新体系建立及应用研究》获通辽市科学技术进步一等奖，通辽市家畜繁育指导站为完成单位。

2010 年《奶牛性控冷冻精液配套技术推广》获内蒙古自治区农牧业丰收一等奖，通辽市家畜繁育指导站为完成单位。

2012—2014 年度《羊冷冻精液生产与推广建设》获通辽市科学技术进步三等奖，通辽市家畜繁育指导站为第一完成单位。

2013 年《通辽市肉牛增产增效综合配套技术研究与推广》获内蒙古自治区农牧业丰收一等奖，通辽市家畜繁育指导站为第一完成单位。

2014 年度《兼用牛选育技术创新体系建立及应用研究》获内蒙古自治区科学技术进步三等奖，通辽市家畜繁育指导站为完成单位。

2014 年度《羊冷配技术推广应用》获内蒙古自治区农牧业丰收三等奖，通辽市家畜繁育指导站为第一完成单位。

2015 年《胚胎移植技术在通院区种羊生产中应用研究与生存示范》获通辽市科学技术进步三等奖，通辽市家畜繁育指导站为主要完成单位。

2015 年度《科尔沁牛选育及肉牛育肥技术集成推广》获内蒙古自治区农牧业丰收二等奖，通辽市家畜繁育指导站为第一完成单位。

2016 年度《中国西门塔尔牛（草原类群）肉用品系选育与推广应用》获内蒙古自治区农牧业丰收二等奖，通辽市家畜繁育指导站为第一完成单位。

3. 荣誉称号

1980 年在农牧业生产建设中成绩显著，被内蒙古自治区农牧业厅颁发奖状以资鼓励。

1981 年度通辽市家畜繁育指导站工作成绩显著，被内蒙古自治区畜牧厅颁发奖状以资鼓励。

1987 年在科尔沁细毛羊新品种培育中成绩显著，被内蒙古自治区农牧业厅颁发奖状以资鼓励。

1990 年度通辽市家畜繁育指导站工作成绩显著，被内蒙古自治区畜牧厅评为家畜改良工作先进集体。

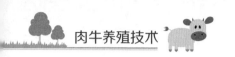

1991—1995 年度中国西门塔尔牛育种工作中，成绩显著，被中国农业部畜牧兽医司及中国西门塔尔牛育种委员会评为先进集体。

1991 年度通辽市家畜繁育指导站工作成绩显著，被内蒙古自治区畜牧厅评为家畜改良工作先进集体。

1993 年通辽市家畜繁育指导站荣获内蒙古自治区畜牧业厅家畜改良先进集体。

1993 年受农业部委托，在农业部牛冷冻精液质量监督检验测试中心抽查的牛冷冻精液产品实施部级监督抽查合格，质量达到优等，特发推荐产品证书（证书编号：中心 94 第 30 号）。

1994 年通辽市家畜繁育指导站荣获内蒙古自治区畜牧业厅家畜改良工作先进集体。

1995 年通辽市家畜繁育指导站家畜改良工作成绩显著，被内蒙古自治区畜牧业厅授予综合二等奖。

1995 年通辽市家畜繁育指导站获内蒙古自治区畜牧业厅家畜改良先进集体。

1996 年度通辽市家畜繁育指导站家畜改良工作成绩显著，被内蒙古自治区畜牧厅评为家畜改良工作先进集体一等奖。

1997 年度通辽市家畜繁育指导站工作成绩显著，被内蒙古自治区畜牧厅授予一等奖。

1998 年度通辽市家畜繁育指导站党支部被通辽市市直畜牧系统党委授予在1997 年度党建工作目标化管理评比第一名的荣誉称号。

1999 年度通辽市家畜繁育指导站家畜改良工作成绩显著，被内蒙古自治区畜牧厅评为家畜改良工作先进集体一等奖。

2000 年通辽市家畜繁育指导站荣获内蒙古自治区畜牧业厅家畜改良先进集体一等奖。

2000 年通辽市家畜繁育指导站在社会治安综合治理、计划生育工作中，被内蒙古自治区畜牧业厅家畜改良先进集体。

2001 年通辽市家畜繁育指导站获内蒙古自治区畜牧业厅家畜改良先进集体二等奖。

2002 年通辽市家畜繁育指导站获内蒙古自治区畜牧业厅家畜改良二等奖。

2003 年通辽市家畜繁育指导站获内蒙古自治区农牧业厅全区家畜改良工作先进集体二等奖。

2004 年通辽市家畜繁育指导站获内蒙古自治区畜牧业厅家畜改良先进集体二等奖。

2005 年度通辽市家畜繁育指导站党支部被通辽市市直农牧系统委员会授予先

进党支部的荣誉称号。

2010年通辽市家畜繁育指导站获内蒙古自治区第一次全国污染普查领导小组办公室、环境保护厅、统计局、农牧业厅授予内蒙古自治区第一次全国污染普查先进集体荣誉称号。

4. 地方标准

通辽市家畜繁育指导站制定内蒙古通辽市农业地方标准《科尔沁肉羊标准》DB 1505/T。

通辽养牛大事记

1974 年

7月24日　哲里木盟家畜冷冻精液供应中心站成立。哲里木盟革命委员会文件关于建立哲里木盟家畜冷冻精液供应中心站通知〔吉革（76）64号〕。

生产牛颗粒冷冻精液，开展牛冷配技术应用试点工作。

1977 年

全国肉牛繁育协作会议在通辽召开。

1978 年

牛冷冻精液示范技术推广项目受到哲里木盟革命委员会、中共哲里木盟委员会表彰，获先进集体奖。

国家农业部在通辽召开全国商品牛生产基地及牛冷冻精液生产座谈会。

1980 年

7月6日　全国商品牛生产基地建设会议在科左后旗召开。

1981 年

8月　中国西门塔尔牛育种委员会成立大会在通辽召开。

《中国西门塔尔牛》杂志出版，陈幼春任主编，编辑部设在通辽。

科尔沁牛肉首次在北京长城饭店品尝，受到好评。

1986 年

12月　参加牛冷冻精液国家标准制定项目，获国家标准局颁布的国家科技成果二等奖。

1990 年

8月　科尔沁牛新品种通过自治区人民政府验收命名。

1991 年

3月　获内蒙古自治区畜牧厅颁发的全区家畜改良工作先进集体奖。

8月　主持科尔沁牛培育获内蒙古自治区科技进步一等奖。

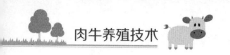

1992 年

12 月 科尔沁牛培育获国家科技进步二等奖。

牛细管冷冻精液试制并获成功。

1999 年

5 月 主持科尔沁牛推广获哲里木盟科技进步一等奖。

2001 年

通辽市政府决定发情母牛全部实行冷配，这在通辽牛改良史上具有里程碑意义，加大了改良速度，提升了黄牛质量。目前，全市冷配站点 2419 个，年冷配母牛 57 万头。

2002 年

12 月 参加中国西门塔尔牛选育获北京市科技进步一等奖。

生产牛冷冻精液剂型实现全部细管化。

2003 年

主持中国西门塔尔牛（草原类型群）培育获通辽市科技进步一等奖。

2004 年

1 月 参加中国西门塔尔牛选育获国家科技进步二等奖。

12 月 主持中国西门塔尔牛（草原类型群）培育获自治区科技进步三等奖。

2006 年

主持《通辽市白鹅饲养技术推广》获内蒙古自治区农牧业丰收二等奖。

2007 年

7 月 中国西门塔尔牛育种委员会下达通知，把通辽市命名为"中国西门塔尔牛之乡"，标志性牌子坐落在市站院落中央。

7 月 全国第二届牛产业大会在通辽市召开，与会代表参观了市站及种公牛站。

2009 年

主持兼用牛选育技术创新体系建立及应用研究获通辽市人民政府颁发的科技进步一等奖。

2010 年

参加《奶牛性控冷冻精液配套技术推广》获内蒙古自治区农牧业丰收一等奖。

2012 年

主持《羊冷冻精液生产与推广建设》获通辽市科学技术进步三等奖。

2013 年

主持《通辽市肉牛增产增效综合配套技术研究与推广》获内蒙古自治区农牧业丰收一等奖。

提出选育无角型科尔沁牛肉用品系。

2014 年

参加《兼用牛选育技术创新体系建立及应用研究》获内蒙古自治区科学技术进步三等奖。

主持《羊冷配技术推广应用》获内蒙古自治区农牧业丰收三等奖。

2015 年

参加《胚胎移植技术在通院区种羊生产中应用研究与生存示范》获通辽市科学技术进步三等奖。

主持《科尔沁牛选育及肉牛育肥技术集成推广》获内蒙古自治区农牧业丰收二等奖。

2016 年

主持《中国西门塔尔牛（草原类群）肉用品系选育与推广应用》获内蒙古自治区农牧业丰收二等奖。

前行中的通辽市家畜改良事业

通辽市地处富饶美丽的科尔沁草原腹地，这里历史悠久，孝庄文皇后、僧格林沁、嘎达梅林都出生于这片神奇的热土。勤劳、勇敢的草原儿女在中共通辽市委、市政府的领导下，在科尔沁这片广袤的土地上，团结向上，奋力耕耘，实现着家畜改良历史性的跨越，谱写着家畜改良发展史的新篇章，推动全市畜牧业转型优质高效生态发展的快车道，为全市经济繁荣、社会和谐和边疆稳定做出着重大贡献。

通辽市的畜牧业文化与条件得天独厚，科技服务体系较为完善。全市蒙古族人口占总人口的一半以上，是全国蒙古族最多、最集中的地区，蒙古族具有悠久的养殖传统和丰富的养殖经验。肉牛业是通辽市畜牧业主导产业，我市肉牛产业处于全区乃至全国领先水平。科技服务体系较为健全，市内有内蒙古民族大学、市家畜繁育指导站、市农科院、市畜牧兽医科学研究所、农机研究所等高校科研机构以及 20 家民营农牧业科研单位，专业研发人员多达 1 000 多人，有 2 个国家级种畜场、1 个国家级牛冷冻精液站、1 个国家级肉牛种业繁育中心。市旗两级设有家畜改良站、兽医局、动物疫病防控中心、草原站，全市个苏木镇 131 全部设有畜牧兽医工作站，专业技术人员达 10 300 多人。

通辽市的饲草料奠定畜牧业发展的物质基础，全市有耕地 2 100 万亩，年产粮食 100 亿千克以上，年产玉米秸秆 56 亿千克；草原面积 5 129 万亩，年可产干草 30.8 亿千克；每年制作 70 亿千克青黄贮饲料；每年人工种植牧草 70~100 万亩。全市每年累计生产饲草料 160 亿千克。

经过几代畜牧人近 40 年的创业、建设和发展，全市在家畜改良、新品种培育、新技术引进推广和畜牧养殖方面取得了重大科技成果，成功地培育了科尔沁牛、中国西门塔尔牛、科尔沁细毛羊、罕山白绒山羊、中国美利奴羊等优良品种。通辽市已成为国家重要粮食基地和肉牛优势产区，被誉为"中国黄牛之乡"和"中国西门塔尔牛之乡"。2017年全市牛存栏338万头，其中肉牛300万头，占内蒙古自治区肉牛存栏总量的35%。近年来，通辽肉牛产业发展加快，生产基础不断完善，先进科技广泛推广应用，形成了年出栏肉牛135万头，牛肉产量23万吨，养殖肉牛人均收入2 200元的综合实力。

总结和回顾通辽市家畜改良工作主要表现在：

（1）肉牛产业主导农牧民养殖的致富门路。确立肉牛在畜牧养殖中的主导地位，突出和加快肉牛产业发展，逐步实现肉牛产业由优势产业向强势产业跨越，强力打造"中国肉牛第一大市"。当前全市肉牛品种改良优势明显，通辽市黄牛改良已有50多年的历史，从20世纪60年代开始利用三河牛、西门塔尔牛杂交改良本地蒙古牛，1990年成功培育成科尔沁牛，通过内蒙古自治区政府验收命名，2002年培育出中国西门塔尔牛，通过国家验收命名。我市肉牛生产水平得到了极大地提高，育肥牛胴体平均重225.7千克，比全区平均水平高94.7千克，平均屠宰率59%，并且肉质上乘，口味纯正。科尔沁牛、中国西门塔尔牛的育成和科尔沁肉牛培育极大地提高了牛肉和牛奶产量，促进了我市牛业的发展。科尔沁牛和培育中的科尔沁肉牛已成为通辽市的优良资源，是我市招商引资的一张名片，吸引了蒙牛、伊利乳业和科尔沁牛业入驻通辽，支撑着科尔沁牛、科尔沁肉牛品种和科尔沁牛业这一全国驰名商标。培育中的科尔沁肉牛正沿着其技术路线，将在2020年验收命名，将在世人面前献出又一个肉牛品种，填补我国肉牛品种短缺的历史空白。

（2）冷冻精液生产支撑牛改良事业的美好未来。通辽市家畜繁育指导站是首批国家重时种公牛站，站内配备系列冷冻精液生产先进设备，有德国进口的冻精生产质检电视显微系统、德国和日本进口的细管喷码打印封装一体机、细管精液冷冻仪、精子密度仪等种公牛冷冻精液设备。1994年被评为农业部推荐产品。1998年通过农业部验收，取得农业部"种畜禽生产许可证"。2017年通过国家专家组的换证验收，经鉴定存栏133头种公牛中有特级牛129头，特级比重高达97%。在西门塔尔、红安格斯、利木赞、夏洛莱、和牛等种公牛存栏中，西门塔尔牛占90%以上，是全国最大的西门塔尔种公牛站。2017年将生产优质肉牛冻精200万支，产品除满足通辽市黄牛冷配需求外，还销往吉林、辽宁、甘肃、青海等全国20多个省区。冷冻精液质量经农业部牛冷冻精液质检中心抽样检测全部达到国家标准。在牛冷配物资足的条件下，全市发情母牛以西门塔尔牛改良为主导，全部实现冷配。

（3）肉牛种业引领肉牛产业的向好发展。建成"全国一流，世界先进"的肉牛种业园区，是通辽市 2015 年重时建设项目之一。包括种公牛站、核心育种场、综合实验楼和配料中心，2016 年 10 月底开始运行。园区设计规模为基础母牛存栏 400 头、种公牛存栏 200 头、养殖总量 1 000 头、年供种能力 200 头、年产冷冻精液 300 万剂。园区还将以肉牛展览馆、网络和多媒体等形式展示现代饲养管理、育种技术和种业产品，在业内起到示范作用。种牛生产利用人工授精、胚胎移植、活体采卵（OPU）和体外受精（IVF）等现代繁殖技术培育肉用种牛，实现冷冻精液、个体种牛、胚胎、技术服务等多元化产品模式，丰富肉牛种业产品市场，培育肉牛新品种，塑造"科尔沁肉牛"品牌，实现自主育种，结束种牛依赖进口的历史。种牛科研成立遗传育种实验室，尝试将"克隆"技术用于育种生产，促进科研成果转化。2017 年种业园区牛存栏 465 头，其中种公牛 133 头，澳系纯种西门塔尔母牛 56 头，受体母牛 212 头，引进美系胚胎 600 枚，胚胎移植 85 头次，其中移植美系西门塔尔牛进口胚胎 51 头次，移植自主生产西门塔尔牛胚胎 34 头次，受胎率达到 51%，胚胎移植美系犊牛出生 64 头。

（4）肉羊养殖方兴未艾。20 世纪 80 年代，以当地蒙古羊为母本，以新疆、阿斯卡尼、高加索、斯达夫及含澳美血的细毛羊品种为父本，经过 30 年多年的杂交改良和选育提高，成功地培育了科尔沁细毛羊，1987 年内蒙古自治区人民政府验收命名。与此同时，在通辽市北部及中部山羊养殖的主要产区，积极引进辽宁绒山羊，提高当地绒山羊的羊绒质量和产绒量，建立育种核心场，经过不断选育和提高，到 1987 年已形成了具有良好生产性能，适应通辽市北部牧区自然生态条件的品种群。1995 年通过内蒙古自治区人民政府验收命名为罕山白绒山羊。随着羊毛市场疲软，羊肉市场需求量猛增的影响，养羊业获得了由细毛羊向肉羊发展的机遇，全市养羊业向肉羊转型发展，先后引进德美羊、萨福克、杜泊、乌珠穆沁羊等肉用品种种公羊为父本，以科尔沁细毛羊、小尾寒羊及杂交后代为母本，以"整群推进"和"同期发情"为载体，以建设 100 个人工授精时为支撑，以选择优秀种公羊、选配本品种母羊及杂交后代、常温人工授精配种和冷配为手段大搞杂交改良及其杂交后代选种选育，全面提高肉羊生产性能，全力推进肉羊产业发展。经过 20 多年的杂交改良与选育，已出现肉用特征明显，产肉性能良好的新的肉羊品种群，以扎鲁特旗、科左中旗、科左后旗为主要分布，存栏达到 800 多万只，促进全市肉羊得到长足发展。

（5）强化人工授精站点及功能建设。重时建设中心站时，增加猪常温精液配送项目，扩大配种服务半径，加大猪人工授精覆盖面。以库伦旗肉驴基地和科尔沁区、开鲁县轻骑马项目为依托，以常温人工授精为手段，全力推进驴马人工授精站点建设。不断巩固提高牛羊人工授精站点建设及布局，增强服务功能，完

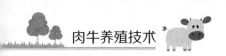

善有配种设备、有冷冻精液或种公羊、有配种室、有配种员、有配种记录"五有"站点建设。2017年牛冷配88.5万头、羊人工授精100.8万只、猪常温人工授精15.2万头、驴马人工授精4.2万匹，投入液氮运输车17辆，液氮罐2204个，发放冻精130万支，建立人工授精站点分别为牛2 419个、羊1500个、猪108个、马驴34个。

（6）加强基层改良配种员复合型培训，提高服务于农牧民的综合能力。当今畜牧业发展举措主要来源于机制创新、科技创新和管理创新，采用科技创新及科技服务、科技培训，促进畜牧养殖的前行发展。每年举办形式多样，内容实用的畜牧业科技培训，传授牛羊现代繁育与养殖技术、牛冷冻精液配种技术、绵山羊人工授精技术、山羊冷配技术、猪人工授精技术等综合技术，介绍国内外先进和前沿高端技术及科技成果，收效良好。近5年来，全市累计举办牛羊猪改良及养殖培训班180期，培训各类改良技术员21 370人次。重视市、旗县、乡镇、嘎查村四级家畜改良科技培训体系建设，特别是牛冷冻精液人工授精技术，从2000年起全市实现了发情母牛全部冷配的重大历史性跨越，是自治区最先实现牛全部冷配的盟市，牛改良技术推广工作已处于全国前列。从2017年开始，利用3年时间大力开展基层改良配种员复合型培训，计划培训基层改良配种员3000名，使他们全面掌握应用牲畜配种、疫病防治、草业等复合型技术，建设一支业务全面、能力突出、素质过硬的基层家畜改良业务骨干和改良配种员队伍。通过复合型培训，全面提升家畜改良业务综合服务能力，进一步推进畜牧业新技术、新成果的推广应用，加快提高为农牧民养殖综合服务的进程，实现农牧业增产增效提供有力支撑。

（7）强力组建胚胎移植技术团队，加快优良畜种繁育及扩繁进程。全市牛羊胚胎移植处于刚刚起步阶段，牛胚胎移植在内蒙古科尔沁种业公司取得成功并获得犊牛82头。羊胚胎移植从2015年起，分别在通辽三高肉羊培育公司和奈曼旗、扎旗种羊场及个别养羊场（户）取得成功并投入生产。技术来源主要是内蒙古农牧业科学院、内蒙古河套学院、陕西个体团队。为加快推进牛羊胚胎移植技术推广应用，加快优良畜种繁育及扩繁，市和各旗县区家畜改良（畜牧）工作站都组建了牛羊胚胎移植技术团队，库伦旗组建驴人工授精技术团队，团队人员从站里或畜牧系统里选拔，由业务技术骨干人员组成，每个旗县选定2~4人。选定人员具有学习动物科学，动物医学，生物工程专业且专科以上学历或新毕业的大学本科或专科生，经过培训、实习后，熟悉同期发情、胚胎生产、活体取卵、胚胎移植等技术，掌握牛羊胚胎移植实际操作技能。

（8）建立市、旗、镇、配种员四级信息网络。利用"互联网+"功能，建立起通辽市家畜改良站微信公众号、牛羊改良微信业务群——市站业务群＋旗县站业务群＋苏木乡镇业务群＋嘎查村改良配种员群，定期发布重大政策、业务信息、行业动态、先进技术、改良进展等信息，使业务与技术及时互通交流，畜牧业生产中的技术难题和产业发展中的政策措施及时传播到各个角落。

40年来，通辽市家畜改良事业得到国家和自治区的高度关怀和重视。党和国家、自治区及农业部多位领导曾来我站亲临视察。回首畜牧业的发展历史，每一进步与发展都有着上级部门及各级领导亲切关怀，都凝聚着几代畜牧人的智慧与奋斗，都有着家畜改良事业前行发展的结果。可以说通辽市畜牧业的发展历史，就是家畜改良发展史。在畜牧业经济突飞猛进的新时代里，通辽畜牧人没有停止前行的脚步，正满怀豪情，致力于成为家畜改良事业的引领者，向着打造"中国肉牛第一大市"的目标奋勇前行，承载着既定的目标，一步一个脚印，踏上新征程，成就新辉煌！